墨香财经学术文库

"十二五"辽宁省重点图书出版规划项目

U0674506

An Inquiry into Natural Disaster

Prevention and Mitigation Based on
Controlling Losses of National Wealth

基于国民财富损失控制的
自然灾害防灾减灾研究

李宏 ◎ 著

东北财经大学出版社

Dongbei University of Finance & Economics Press

大连

图书在版编目（CIP）数据

基于国民财富损失控制的自然灾害防灾减灾研究 / 李宏著．—大连：东北财经

大学出版社，2017.6

（墨香财经学术文库）

ISBN 978-7-5654-2804-3

Ⅰ．基… Ⅱ．李… Ⅲ．自然灾害–灾害防治–研究 Ⅳ．X43

中国版本图书馆CIP数据核字（2017）第156840号

东北财经大学出版社出版发行

　　大连市黑石礁尖山街217号　　邮政编码　116025

　　网　　址：http：//www.dufep.cn

　　读者信箱：dufep @ dufe.edu.cn

大连力佳印务有限公司印刷

幅面尺寸：170mm×240mm　字数：182千字　印张：12.75　插页：1

2017年6月第1版　　　　2017年6月第1次印刷

责任编辑：李　彬　孔利利　　责任校对：那　欣

封面设计：冀贵收　　　　　　版式设计：钟福建

定价：38.00元

教学支持　售后服务　　联系电话：（0411）84710309

版权所有　侵权必究　　举报电话：（0411）84710523

如有印装质量问题，请联系营销部：（0411）84710711

前　言

　　自然灾害兼具自然属性和社会属性，相比研究自然灾害发生机理以及如何采取工程防范措施等自然科学领域的研究而言，从同样广阔的社会科学的研究视角，来探索自然灾害与国民财富之间的关系，显然也是一个重大的研究课题。从自然灾害的社会属性来看，自然灾害经济损失是灾害影响的最为直接和集中的表现。然而，目前我国的自然灾害经济损失研究通常过于注重物质损失，而忽视了同样属于国民财富重要组成部分的人力资本、自然资本和社会资本等方面损失的影响。如果说对于物质资本损失的衡量可以不断地接近"精确"的地步，那么相对而言，对人力资本、自然资本和社会资本损失的评估，往往会由于缺乏足够的信息和有效的工具，而显得比较"模糊"。但是，我们认为，自然灾害损失不仅在于其直接导致的有形物质损失，这种"直接经济损失"充其量只能作为一个损失评估的"下限"。另外，自然灾害损失始终都是灾害管理和防灾减灾决策制定的重要依据，因此有必要扩大自然灾害损失评估的范围，用"模糊的正确"去取代"精确的错误"，以正确地衡量自然灾害的真正损失与影响。因此，本书尝试基于国民财富损失的视角来看待自然灾害所导致的经济损失与影响，也就是从一种宏观的整体视角来深入分析自然灾害经济损失与影响的本质。

本书主要包括三个方面的研究内容：一是自然灾害经济影响与国民财富损失的基本问题研究，包括对国内外的自然灾害经济研究成果的回顾，对我国的自然灾害及其所造成的经济损失情况的概括和趋势分析，以及对自然灾害损失的国民财富观的阐释等；二是应用基本理论展开对自然灾害导致的人力资本、自然资本和社会资本损失研究，即具体分析我国的自然灾害所带来的国民财富损失情况，对由于自然灾害经济损失界定范围狭窄所导致的损失漏估情况，以及由此可能产生的后果进行分析；三是基于国民财富损失控制的灾害管理政策评估与防灾减灾对策研究，包括对既有的自然灾害管理和防灾减灾政策的影响与效果进行分析，并结合当前我国社会经济发展所处的阶段以及资源与环境的具体发展态势，以可持续发展理念为指导给出防灾减灾对策思路和若干具体政策建议。

本书研究的总体思路是：自然灾害经济损失是灾害影响的最集中表现，它主要不在于直接的经济损失，而是应当从国民财富管理的框架下来认识和谋求解决之道。基于国民财富损失控制进行灾害经济分析与对策研究，才能真正有效地服务于消除其给经济与社会可持续发展以及社会福利水平的不断提高带来的抑制与威胁。

本研究主要的创新之处可以归结为三个方面：

一是拓展了自然灾害损失的内涵，从而扩展了自然灾害损失研究的范围。为了将对自然灾害损失的研究，由通常所探讨的直接经济损失，拓展至本书所提出来的"国民财富损失"，本书设立了基于国民财富损失控制的灾害经济分析与研究目标。这其实可以说是尝试绘制一个丹尼尔·贝尔（Daniel Bell）所提出的"概念性图式"，并以之为"中轴"，使得我们能够既统领防灾减灾各种具体目标的要义，又得以把经济资本损失和自然资本损失结合起来，更为全面地分析和评估自然灾害所带来的经济损失与影响问题。同时，由于对"国民财富"重新进行界定，从而得以把经济资本损失和自然资本损失结合起来全面评估自然灾害的经济损失与影响。

二是尝试在灾害经济与灾害管理等不同分支学科之间进行交叉与整合。本书采用了更为综合性的视角，以尝试在不同的灾害分支学科之间进行交叉和整合，即基于经济研究视角综合不同学科，主要是公共管理、灾害经济以及资源与环境经济研究的思路与方法，从自然灾害的社会属性角度对防灾减灾战略和措施进行研究，从而避免了单一学科研究视角和思路所造成的局限性。

三是提出了自然灾害国民财富损失的基本核算思路与方法，进行核算并得到了初步结果。本书不但提出了在国民财富管理框架下，自然灾害损失分类与计量的基本思路与方法，并将其运用到了我国自然灾害损失的分类与计量之中，从而得到了不同于以往单纯注重直接经济损失计量而得到的结果。例如 2008 年由于汶川特大地震，当年自然灾害所导致的直接经济损失占 GDP 比例约为 3.9%，但我们基于国民财富损失的考察所得到的比例则为 9.23%，"国民财富损失"则达到了 27 753 亿元，约是直接经济损失的 2.4 倍。单从自然资产损失衡量的角度来说，本课题研究可以作为全面反映环境-经济关系的环境经济综合核算的一个初步的小范围尝试，同时又不同于既有的单独对各种自然资源的价值评估，而是统一到作为国民财富的重要组成部分的自然资本之中。有关这一点，与联合国（UN）、世界银行（WB）以及欧洲委员会（EC）等国际组织联合出版的《SEEA2003》中曾提及的将来把灾害也纳入环境经济核算范围之中的想法，姑且可以算是殊途同归。

当然，由于作者的能力与水平有限，本书在这方面的研究也仅仅是一次努力和尝试，欢迎同仁们批评指正！另外，由于数据可得性和统计口径变化，为了保持方法和思路的完整，不得不放弃了部分核算的更新。

本研究得到了 2009 年度国家社会科学基金项目"基于国民财富损失控制的自然灾害防灾减灾研究（项目编号：09BJY040）的资助，在此要特别感谢项目主持人——闫天池研究员。同时，也非常感谢东北财经大学出版社为本书出版所提供的一系列帮助。

李　宏

2017 年 4 月

目　录

第1章 导 论

一部二十四史，就是一部中国灾荒史。

　　　　　　　　　　　　　　　——中国经济史学家傅筑夫

人类在这里所要应付的自然环境的挑战比两河流域和尼罗河的挑战严重得多。人们把它变成古代中国文明摇篮地方的这一片原野，除了有沼泽、丛林和洪水的灾难以外，还有更大得多的气候上的灾难，它不断地在夏季的酷热和冬季的严寒之间变换。

　　　　　　　　　　　——英国历史学家汤因比（A. J. Toynbee）

我们当前所处约，无疑是一个科技水平日新月异且高度发达的工业化时代，有了现代科技的支撑，人类力量显得空前强大，或者已经能够称得上是无所不能。这恰如魏特夫（Wittfogel，1957）在谈到自然界变化中的人类变化时所举的例子："瀑布在原始社会作为界标和膜拜物，但在工业社会电力的运用使得水的动能现实化"。另一方面，我们如今所处的，也毫无疑问是一个充满了种种急剧变革的时代，并面临着种种亟待解决的问题和亟须摆脱的困境，在这些问题和困境面前，人类往往又显得那么孤独彷徨和软弱无力。持续而频发的自然灾害就是诸多问题和困境中极为重要的一种，自然灾害事件比较集中地反映了人类社会与自然世界的冲突与不和谐的一面。可以肯定地说，无论工业文明和现代科技发展进化到何等发达的地步，也无论人类会具备怎样的征服大自然的雄心壮志，人类对自然世界的掌控常常不过是某种幻想而已。关注和研究自然灾害的目的，就在于理解乃至推进解决这种冲突与不和谐。因为，人类社会的可持续发展，始终都必须以人与自然的和谐相处作为根本性的前提。

1.1 研究背景与意义

1.1.1 研究背景

古语云："天有不测风云，人有旦夕祸福。"抛开宿命论不谈，这恰可以作为对自然灾害风险无处不在的真实而贴切的写照。我国自古就是自然灾害多发国家，作为少数自然灾害最为严重的国家之一，除了火山活动，我国境内几乎囊括了所有类型的自然灾害，诸如洪涝、干旱、地质灾害、森林灾害以及海洋灾害等各种自然灾害，始终都在威胁着人民群众的生命和财产安全，并长期以来严重地制约着我国人民的生产生活和社会经济发展。

根据有关部门的资料统计，新中国成立以来，我国平均每年因自然灾害造成的直接经济损失在 1 000 亿元人民币以上，农作物受害面积年均超过 4 000 万公顷，受灾人口数年均超过 2 亿[①]。自 1949 年以来，我国几乎每年都有水灾发生，统计资料显示已经累计造成了 27 万人死亡；累计倒塌房屋达 1.1 亿间；平均每年受灾农作物面积则达 913 万公顷，成灾农作物面积 510 万公顷，分别占耕地面积的 10%和 5%左右[②]。另据有关部门统计，20 世纪 90 年代以来我国年均洪涝灾害损失在 1 100 亿元左右，约占同期全国 GDP 的 1.8%。遇到发生流域性大洪水

---

① 朱峰，李菲. 中国每年因自然灾害造成直接经济损失逾千亿元 [EB/OL]. (2006-08-06). http://news.xinhuanet.com/politics/2006-08/06/content_4926605.htm.
② 高庆华. 中国自然灾害与全球变化 [M]. 北京：气象出版社，2007.

的年份，如 1991 年、1994 年、1996 年和 1998 年，该比例达到 3%～4%[①]。根据 50 多年来的旱灾资料分析，我国在严重干旱年（以 2000 年为例）旱灾直接经济损失占 GDP 的 2.5%，一般干旱年（90 年代平均）旱灾直接经济损失占 GDP 的 1.1%[②]。这就是说，在最近的一般灾害程度年份中，我国仅水旱灾害损失就要占到 GDP 总量的 3%左右。相比之下，在发达国家，自然灾害损失占 GDP 和财政收入的比例较小，如美国灾害损失仅占 GNP 的 0.27%，占财政收入的 0.78%；日本的灾害损失仅为 GNP 的 0.5%或更低，而我国一般年份灾害损失则为 GNP 的 3%～5%，占财政收入的比例更常高达 20%～30%[③]，足见我国受自然灾害的影响程度之深。表 1-1 对近 50 年来的重大自然灾害事件及其损失情况进行了汇总。

表 1-1　　　　　　　　　中国近 50 年来重大灾害概况

序号	时间	重大灾害事件	损失（亿元）（当年价格）	说明
1	1954 年夏	长江暴雨洪涝	100 多	死亡 3 万余人
2	1959—1961 年	三年大旱	损失严重	死亡众多
3	1963 年 8 月	河北暴雨洪涝	60 多	死亡数万人
4	1966 年 3 月	河北邢台地震	—	死亡 8 000 多人
5	1970 年 1 月	云南通海地震	—	死亡 15 000 多人
6	1975 年 8 月	河南暴雨洪涝	100 多	死亡数万人
7	1976 年 7 月	唐山大地震	100 多	死亡 24.2 万人
8	1981 年 8 月	四川暴雨洪涝	50 多	
9	1985 年 8 月	辽宁暴雨洪涝	470	
10	1987 年 5 月	大兴安岭森林火灾	约 50	130 余万公顷森林被毁
11	1991 年 6—7 月	江淮暴雨洪涝	约 500	死亡 1 163 人
12	1992 年 8 月	16 号台风	92	

①　陈雷. 在全国防汛抗旱总结表彰暨工作会议上的讲话 [EB/OL]. (2007-12-07). http://www.mwr.gov.cn/ztpd/2007ztbd/qgfxkhgzhy/zyjh/20071207114312e10df1.aspx.
②　鄂竟平. 经济社会与水旱灾害 [J]. 水利建设与管理，2006（8）：3-8.
③　原国家科委、国家计委、国家经贸委自然灾害综合研究组. 中国自然灾害综合研究的进展 [M]. 北京：气象出版社，2009.

续表

序号	时间	重大灾害事件	损失（亿元）（当年价格）	说明
13	1994年6月	华南暴雨洪涝	约300	
14	1994年8月	17号台风	170	死亡1 000人
15	1995年6—7月	江西、两湖暴雨洪涝	300多	
16	1995年7—8月	辽宁、吉林暴雨洪涝	约460	
17	1996年6—7月	皖、赣两湖暴雨洪涝	约300	
18	1996年7—8月	河北、山西暴雨洪涝及8号台风	546	死亡1 000余人
19	1997年夏秋	华北、西北及长江中下游等旱灾	500多	
20	1997年8月	11号台风	300多	
21	1998年6—9月	长江、松花江、嫩江洪涝灾害	2 642	死亡3 656人
22	1999年6—7月	长江下游洪涝灾害	超过100	
23	1999—2001年	华北干旱	超过100	
24	2004年8月	14号台风"云娜"	181	
25	2005年9月	13号台风"泰立"	155	
26	2008年5月	四川汶川特大地震	8 451	
27	2010年春	西南干旱	215.6	5 000多万人受灾
28	2010年4月	青海玉树地震	估计8 000	死亡2 187人
29	2010年7月	台风"灿都"	55.4	紧急转移安置30万人
30	2010年8月	甘肃舟曲泥石流	交通设施4.28、农牧业2.2	死亡1 479人
31	2010年10月	海南暴雨洪涝	15.2	紧急转移安置13万人

资料来源：王昂生. 中国减灾与可持续发展 [M]. 北京：科学出版社，2007.

注：2005年以后资料由作者根据相关部门公布的数据资料添加，截止日期为2010年11月1日。

进入 21 世纪，各类自然灾害在我国频频肆虐横行的状况并没有丝毫改观。近年来，从"四川汶川地震"到"青海玉树地震"，再到"西南地区干旱"、"南方地区暴雨洪涝"和"甘肃舟曲泥石流灾害"，新近发生的一连串自然灾害事件无不时时刻刻牵动着亿万国人的每一根神经。其中最让我们深感痛心的自然灾害事件莫过于 2008 年 5 月 12 日发生在四川汶川的特大地震，此次地震共造成了 69 227 人遇难、374 643 人受伤、17 923 人失踪的悲惨境遇，其所造成的直接经济损失更是高达 8 451 亿元（中华人民共和国民政部（以下简称民政部）、中华人民共和国财政部（以下简称财政部）、中华人民共和国国家发展和改革委员会（以下简称国家发改委）等，2008）。除了"5·12大地震"的惨痛经历让人们记忆犹新，事实上其他各类自然灾害也依然几乎是无时无刻不在侵扰着我国。从近年的趋势看，洪涝灾害依然是首要灾害。例如根据国家统计局资料计算可以得知，2000 年以来的洪涝、地震、地质、海洋灾害以及森林火灾等五类自然灾害所造成的经济损失中，洪涝灾害占到 8 成以上，其次为海洋灾害；从因灾死亡人口数量上来看，洪涝灾害依然是第 1 位的，约占 6 成，其次则为地质灾害。

尽管经济实力的不断增强和科技水平的快速提高，使得人类社会在应对自然灾害和灾后重建恢复方面，似乎正在变得越来越强大，但自然灾害的经济成本及其多维度的影响，也正在随着人口膨胀、经济活动和财产密集度等因素的增加而增加。无论是从全世界的范围内来看，还是单就我国一国而言，自然灾害所导致的经济损失的规模都正在不断扩大。例如，根据慕尼黑再保险公司（Munich-Re）的数据，全世界在1950—1959 年间共发生了 20 次"重大自然灾害"[①]，造成了 380 亿美元的经济损失；而在 1990—1999 年间，全世界则总共发生"重大自然灾害"82 次，经济损失则高达 5 350 亿美元。另据 Munich-Re 数据库的统计，在 1980—2008 年间的全球十大成本最为高昂的自然灾害中，中国就占了 3 席，它们分别是 2008 年"汶川地震"、1998 年洪水和

---

① 慕尼黑再保险公司对"重大自然灾害"的定义与联合国一致，即如果下列一种或多种情况发生，受影响地区显然难以靠自身能力应付：（1）需要区域或国际援助；（2）数千人死亡；（3）数十万人无家可归；（4）大量的全面损失；（5）相当大的保险损失。

1996 年的洪水（详见表 1-2）。笔者根据我国民政部所公布的自然灾害直接经济损失统计资料计算，1989—2008 年，我国自然灾害导致的直接经济损失总额为 45 645.4 亿元人民币，年均直接经济损失为 2 282 亿元人民币。自 20 世纪 90 年代以来，我国各类自然灾害所导致的经济损失也呈现出了不断上升的趋势。作为制约社会经济发展的重要因素，自然灾害的经济影响由此可见一斑，并且根据政府间气候变化专门委员会（IPCC）等国际组织和许多专家学者的观点，由于气候变化，自然灾害在全球范围内都正变得越来越频繁。

表 1-2　1980—2008 年全球代价最为高昂的 10 大自然灾害（以总损失排序）

序号	日期	灾害	区域	总损失（百万美元）	保险损失（百万美元）	死亡人数（人）
1	2005 年 8 月 25 日	飓风卡特里娜	美国	125 000	61 600	1 322
2	1995 年 1 月 17 日	地震	日本：神户	100 000	3 000	6 430
3	2008 年 5 月 12 日	地震	中国：四川	12 790	300	69 227
4	1994 年 1 月 17 日	地震	美国：北岭	44 000	15 300	61
5	2008 年 9 月 6 日	飓风艾克	美国：加勒比海	38 000	15 000	168
6	1998 年 5 月—9 月	洪水	中国	30 700	1 000	4 159
7	2004 年 10 月 23 日	地震	日本：新潟	28 000	760	46
8	1992 年 8 月 23 日	飓风安德鲁	美国	26 500	17 000	62
9	1996 年 6 月—8 月	洪水	中国	24 000	450	3 048
10	2004 年 9 月 7 日	飓风伊万	美国：加勒比海	23 000	13 800	125

1.1.2 研究目的与研究意义

在前文所述的六背景之下，并不难明了本书研究的主要目的和意义。进一步地，就是我们拟尝试基于国民财富损失的视角来看待自然灾害所导致的经济损失与影响。之所以如此考虑是因为，我们觉得非常有必要从这样一种宏观的整体视角来看待和深入分析自然灾害经济损失与影响的本质。这便是本书研究的最主要的目的，因为如何看待损失是预防和控制损失的基本逻辑前提。具体而言，本书研究主要分析和尝试解决的问题可以归结为以下四个方面：

（1）明确我国因自然灾害所导致的经济损失及其变化趋势，受统计资料的制约，尤其关注的是新中国成立以来的自然灾害经济损失的概况及其变化趋势。在本书研究过程中，我们尝试根据已有的各种有关统计资料和已有的自然灾害损失理论研究成果，对我国自然灾害的经济损失及其演变情况进行分析，这也是本书研究的最为基本的出发点。同时，在可能的情况下，本书也尝试总结了全世界近 50 年以来的自然灾害损失情况，以期将我国自然灾害经济损失及其变化趋势放在全球化的背景中来进行一个对比。

（2）探究自然灾害与经济发展的关系，并根据部分国际国内的灾害损失统计资料进行了实证研究。按照已有的灾害经济研究的范式，自然灾害对长期经济增长以及社会经济的可持续发展究竟有着什么样和什么程度的影响？我国自然灾害损失的形成与社会经济易损性水平之间的关系究竟是怎样的？我们希望通过总结国内外已有的自然灾害经济研究的成果，并在已有研究的基础之上，进一步综合性地分析我国的自然灾害对社会经济发展的影响问题。

（3）进行国民财富管理框架下自然灾害损失的分类与计量。针对普遍比较含糊的自然灾害损失分类，我们提出以国民财富损失的视角来看待自然灾害损失，并着重强调除物质资本以外通常未被计量或予以忽略的自然资本、人力资本和社会资本方面的损失。希望通过比较完整和全面地考虑自然灾害损失，尤其是结合绿色国民经济核算来考虑自然资产损失问题，从而进一步地厘清自然灾害对我国社会经济发展的深远影响。

（4）充实自然灾害管理与防灾减灾能力建设理论研究的内容。自然灾害兼具自然属性和社会属性，尽管自然灾害的发生在一定程度上具有不可避免的特性，但无论是就认识自然属性，还是掌握其社会属性而言，对自然灾害的发生发展机理进行深入研究，并在此基础上加强对自然灾害的管理，如监测、预警、应急处置以及灾后恢复重建等等，都毫无疑问地可以取得相当可观且十分重要的经济效益和社会效益。如果一味强调和重视自然属性研究，而轻视社会属性研究，其实是与"以人为本"的时代精神背道而驰的。

本书研究的理论意义至少包含了以下几点：第一，深化对自然灾害经济损失与影响的认识，推进我国的自然灾害经济学研究的进程。自然灾害兼具自然属性和社会属性，而从其社会属性看，自然灾害经济损失是灾害影响的最集中表现。然而，自然灾害损失不仅在于其直接导致的有形的物质损失，"直接经济损失"充其量只能作为一个"下限"。第二，本书研究能够有效地充实防灾减灾政策制定和实施的理论基础，即以自然灾害损失的界定与评估为核心，深入研究和分析自然灾害与经济发展的关系，从而可以为防灾减灾能力建设提供理论指导。第三，本书所依据的国民财富及其损失控制的宏观视角，可以为各个灾害分支学科研究成果的整合提供极为可贵的可能性。因为单兵突进的分裂割据式研究，显然不利于我们从全局的角度来准确把握灾害经济的损失与影响，本书可看作是对已有的自然灾害经济学、资源经济学和公共管理学等研究的交叉综合和向纵深拓展。第四，本书研究希望展示出我们对防灾减灾事业根本目标的清醒认识，即减少国民财富损失，是否实现经济与社会的可持续发展以及促进广大国民福利总水平的不断提高，是检验一切自然灾害防灾减灾政策成功与否的最终标准。本书提出应当在国民财富管理的框架下来认识灾害损失与影响问题并谋求解决之道，也就是说，自然灾害归根结底会导致国民财富的巨大损失，基于国民财富损失控制的灾害经济分析与对策研究，才能真正有效地服务于消除自然灾害给经济与社会可持续发展，以及社会福利水平的不断提高带来的抑制与威胁。

本书研究的现实意义：如果说人类文明史就是一部人类与自然界不

断进行搏斗的历史，那么自然灾害始终都是经济与发展的一大障碍因素。众所周知，自然灾害已经给我国的国民经济与社会发展以及自然资源和生态环境等多个方面都带来了广泛、深远且极具综合性的影响。我们对权威统计资料进行深入分析和研究，发现无论是国内还是国外，自20世纪50年代以来，由于地壳运动的不规则性和全球气候变化程度加剧，加上经济总量和规模的不断扩大，以及人为疏忽等因素，各种自然灾害事件及其造成的损失规模，都呈现出不断上升的趋势。因此我国面临的防灾减灾任务仍然十分艰巨。另一方面，自然灾害对经济与社会发展的影响，既有即期性的又有中期和长期性的，而由灾害导致的经济损失始终是自然灾害影响的最为直接和集中的表现。因此，相比研究自然灾害发生机理以及如何采取工程防范措施等自然科学领域的研究而言，从更为广阔的社会科学的研究视角来探索自然灾害与国民财富之间的关系，同样是一个重大的研究课题。

1.2　逻辑结构与研究方法

1.2.1　研究内容

1.2.1.1　自然灾害经济影响与国民财富损失的基本理论问题研究

本书首先需要对国内外的自然灾害经济研究成果进行回顾和综述，这是我们进行理论研究的出发点。其次，对我国的自然灾害及其所造成的经济损失情况进行概括，对我国的自然灾害经济损失变化趋势进行统计分析与预测。再次，通过分析自然灾害所带来的宏观和微观层次的经济影响，来阐述灾害经济分析的理论架构和基本原理。为了突出本书所强调的自然灾害社会属性研究的重要性，我们还会进行自然灾害影响的社会经济因素分析。最后，在实践与理论两者相结合的基础上，提出本书的主要理论观点，即对自然灾害经济影响的认识和把握，应当纳入国民财富管理框架（如图1-2所示），以对国民财富损失的控制为自然灾害经济分析与研究的总体目标。这事实上也是对全书的一个最简短而又有力的概括。

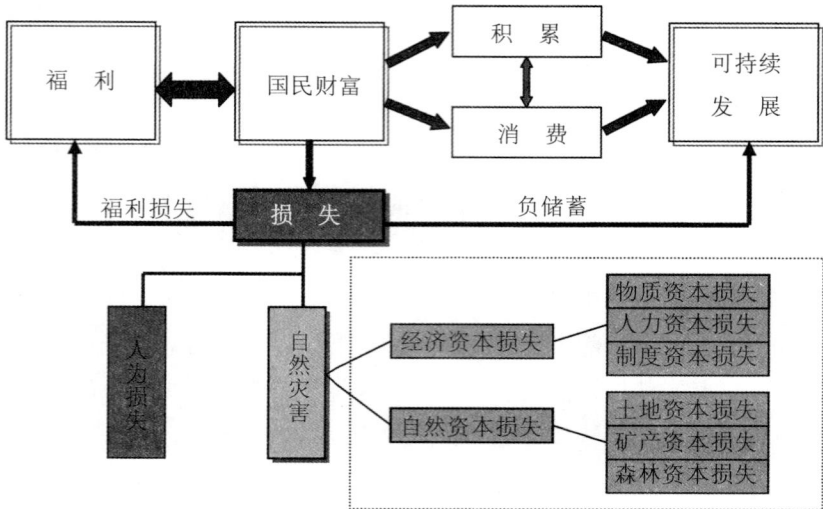

图1-1 国民财富管理框架下的自然灾害损失

1.2.1.2 应用基本理论展开自然灾害导致的人力资本、自然资本和社会资本损失研究

具体分析我国的自然灾害所带来的国民财富损失情况，对由于自然灾害经济损失界定范围狭窄所导致的损失漏估情况，以及由此可能产生的后果进行分析。结合已有的人力资本理论研究成果和绿色核算理论的研究和实际进展情况，我们拟先主要考虑人力资本和自然资本。因为相对而言，社会资本更难以衡量和准确把握，但这并非表示它不够重要。我们主要以土地资源、森林资源以及矿本资源来作为自然资本的主要代表，这也是由于考虑到行使对于各种自然资源的所有权和获得经济收益的可能性而决定的，并为后续的考虑生态系统受灾害影响问题打下基础。在多数情况下，我们给出的只能是损失评估的基本方法和框架，因为只有在较丰富的统计数据的支持下，才能够进行实证分析，如运用综合性的以及最前沿的环境与资源价值评估的理论与方法，分别对土地资源、森林资源以及矿产资源的价值进行计量分析，并在此基础上利用宏观的经济增长与发展模型来重新分析自然灾害对国民经济与社会发展的短期和长期影响。

1.2.1.3　基于国民财富管理的灾害管理政策效果评估与对策研究

对自然灾害损失的判定以及自然灾害经济影响的分析，其目的都是为自然灾害防灾减灾战略制定和政策施行提供理论支撑和方法指导，而既定的战略和政策及其实施效果则给我们提供了对照和检验理论研究成果的空间。因此，首先是对既有的自然灾害管理和防灾减灾政策的影响与效果进行分析和研究。本书拟在前述理论分析和损失分析与评估的基础上，研究既定防灾减灾政策对于国民财富，主要是自然资产损失控制的效果和影响。然后结合现阶段我国社会经济发展所处阶段以及资源与环境的具体发展态势，以可持续发展理念为指导给出防灾减灾对策思路和若干具体政策建议。基于国民财富损失控制的自然灾害防灾减灾政策的总体框架，应当体现出统一性、综合性、区域性以及科学性等四个最基本的特征。具体的对策则涉及管理和领导体制、以现代科技为支撑的综合性防御与应对、逐步扩大自然灾害损失评估范围、加强自然灾害科普教育和宣传，以及广泛动员和有效组织各种资源和社会力量抵御自然灾害等若干方面。

1.2.2　基本思路与方法

本研究的总体思路是：自然灾害经济损失是灾害影响的最集中表现，应当从国民财富管理的框架下来认识和谋求解决之道。基于国民财富损失控制的灾害经济分析与对策研究，才能真正有效地服务于消除其给经济与社会可持续发展以及社会福利水平的不断提高带来的抑制与威胁。

（1）在梳理已有关于自然灾害对社会经济发展的影响和防灾减灾研究的基础上，基于环境核算和自然资源与环境经济学的思想，结合笔者的认识对"国民财富"进行界定，进而对自然灾害防灾减灾目标进行准确界定，提出预防和控制国民财富损失的总体目标。

（2）在本书所提出的国民财富界定和防灾减灾总体目标框架下，具体分析自然灾害损失的范围和构成，与已有灾害损失评估研究对照分析，侧重以往被忽视或者由于难以计量等原因而被放弃考虑的损失，如森林、土地和矿产等自然资本的损失，并给出本书对于自然灾害导致的国民财富损失的范围界定和衡量方法。

（3）运用部分自然灾害损失数据，使用定性和定量分析相结合的方法，以本书所提出的思路探讨重估自然灾害损失，并分析损失漏估产生的经济与社会影响。

（4）在前述研究的基础上，结合我国防灾减灾的具体实际，提出针对我国防灾减灾战略制定和政策施行的具体建议。

在基本的方法论上，本书以辩证唯物主义和历史唯物主义的观点和科学发展观，来看待社会福利、自然财富与可持续发展的问题。本书对于防灾减灾以及环境价值等问题所持的态度，完全不同于功利主义、实用主义以及自由主义的价值观，并始终立足于我国的基本国情。在具体的研究方法上，本书拟主要运用归纳与演绎法、总量与结构分析法、规范与实证分析法、动态与静态分析法、存量与流量分析法，以及现代多元统计分析方法等。

第 2 章　理论回顾与研究综述

观今宜鉴古，无古不成今。

——《增广贤文》

灾害虽然是经济现象，它同时又是经济以外的其他社会现象，比如由于灾害直接发生人的死亡，引发出某些疾病流行，治安状况恶化等等，但灾害毕竟在很大程度上是一种重要的经济现象。它对社会生产力乃至社会经济生活造成多方面的、强烈的破坏。如果不是这样，它也就够不上什么"灾害"了。

——于光远，《灾害经济学提出的根据和它的特点》，1990

现代对于自然灾害给社会经济发展带来影响以及从经济管理的角度阐述防灾减灾问题的研究，都可以归结为自然灾害经济学的范畴。在国外，自然灾害经济研究始于 20 世纪 50 年代，国内则较为滞后，应是始于 20 世纪 80 年代以后。经过了半个多世纪的发展，如今对于自然灾害的研究已经出现了较为明显的多学科交叉融合的趋势。原因之一是，人们逐渐认识到自然灾害的影响是全面的、广泛的和综合性的，因而需要从自然科学（如生态学、地理学、植物学等）、经济学和管理学等多学科的视角进行综合性研究。本书的研究主要是基于经济学的理论与视角，更具体地说，是基于经济理论研究而同时综合不同学科的研究视角来分析自然灾害导致的国民财富损失，以及自然灾害防灾减灾对策的制定和执行问题。根据本书研究的主要内容，理论回顾与研究综述主要囊括了自然灾害经济损失与影响评估研究和由此引发的自然灾害防灾减灾研究两个方面的主要内容。

2.1 国外研究

2.1.1 自然灾害经济研究的兴起

了解一个学科或研究领域最初是如何形成的，非常有助于深化对该学科或领域的认识。然而关于自然灾害经济研究的确切起源，我们认为它实际上是个极难追究、考证的问题。因为自然灾害史和人类文明史一样漫长，在抵御自然灾害侵袭的过程中，人类社会必然早已经考虑到了自然灾害对社会生产和生活的各种影响。例如，早在 1879 年英国就曾因为严重的农业萧条问题专门成立了调查委员会，调查其原因并研究可能的补救措施。1882 年该委员会发布研究报告称所有的证据表明，气候尤其是水旱灾害，是造成农业大萧条的主要原因，并提出了诸如扩大果树栽培、商品蔬菜种植以及改进乳品业等建议（William E. Bear，1893）。如果给"自然灾害经济学"下一个比较严格的定义，尤指以现代经济学理论与方法评估自然灾害的经济影响及其恢复与预防问题，那么自然灾害经济研究的确是一个较新的研究领域，而且技术的进步，如现代通信技术的发展使得有关自然灾害和人为灾害事件及其影响的信息得以在世界范围内迅速地传播，以及两次世界大战带来的巨大经济损失与社会创伤和未来战争的威胁等，是其兴起与发展的重要推动因素。

通常，人们都认为自然灾害经济研究是 20 世纪 50 年代以后才正式展开的，而且总体上来说应是以美国学者展开对美国灾害的经济分析与研究为主导的。例如 Brannen（1954）对 1953 年 5 月袭击得克萨斯

Waco 镇（美国得克萨斯州中东部）的龙卷风灾害进行了研究，属于探讨自然灾害经济影响的较早研究。开创性地研究自然灾害主题的经济学家应当是 Jack Hirshleifer（1966），在一项由美国兰德公司（RAND）组织、受美国原子能委员会（AEC）资助，旨在分析核战争可能的经济与社会后果的研究中，他分析了西欧 14 世纪的黑死病对经济的短期与长期影响，指出灾害的短期影响与经济理论的预期一致，包括生产的停滞、社会政治的瓦解以及收入和身份地位的变化（劳动阶级工资和人均收入的上升，有产阶级的租金收入减少）。然而就长期而言，将黑死病认为是此后一个世纪欧洲经济螺旋式下降的首要原因的观点，是存在问题的。因为分裂战争、可能的气候变化，以及瘟疫的持续消耗等其他经济发展的压力因素都是不容忽视的。最后，Hirshleifer 认为，历史记录并不支持这样的观点，即巨大的灾害并不必然导致社会的崩溃以及经济的螺旋式衰退。

由此可见，Hirshleifer（1966）的研究尽管服务于与假想核战后果进行比较的目的，并且也只是列举了有关人口和实际工资等统计证据，但事实上已经比较完整地提出了自然灾害经济研究的几个关键性的必然命题：（1）自然灾害给人口和经济与社会发展带来了哪些直接和间接的后果？（2）自然灾害的即期和长期影响分别是什么，它们有着怎样的差异？（3）应当如何对有限的资源和技术加以有效的组织和利用，以预防和减少灾害损失？

最先针对自然灾害提出较为严谨的经济学研究方法的是美国学者 Dacy 和 Kunreuther（1969），此前美国刚刚经历了阿拉斯加地震（1964），并刚刚颁布了《洪水保险法案》（1968），他们的《自然灾害经济学》一书的分析框架，是从对美国业已发生的自然灾害所导致的生命和财产损失的评估开始的，其中有些数据一直追溯到了 1925 年，并包括了不同的地理区域和灾害类型。他们指出，自然灾害损失呈现出了较强的上升趋势，其变化远远超出了人们的预期，并且灾害影响对任何地区而言都不是单一的。根据状态假设和经验分析结果，他们认为经济学的"其他条件不变"这一条件，在灾害背景下是不能得到满足的。人并不仅仅是经济学意义上的最优化行为者，许多人灾后自发的行为帮助社会消除了对一些商品的超额需求，从而使得价格保持在较低甚至比通常状态更低的水平。很显然，社会学和心理因素改变了人们的效用函数。所有这一切都是为他们对有关自然灾害管理的政策与立法问题进行探讨所做的铺垫，Dacy 和 Kunreuther 提出了灾害救济计划的公平性、灾害救济的成本，以及对一套全面的灾害保险制度的需求等问题。其中，他们提出了灾害管理的一个福利标准，即灾害救济不应当改变受灾个人原先的福利水平排序。所以，尽管他们对于灾害保险制度的设计或许不具备政治与政策上的可行性（Robert C. Goshay，1970），但通过以经济学方法对灾害损失到灾害风险，再到灾害管理政策分析的延伸，Dacy 和 Kunreuther 真正拉开了灾害经济研究的大幕。

此后的 20 世纪 70 年代，也就是自然灾害经济研究兴起之初，国外尤其是西方发达国家，更多的学者和专家开始就有关自然灾害的各种问题进行经济分析。并且，初期研究主要集中在自然灾害直接经济损失计量，以及建立在灾害损失计量基础之上的减灾活动的成本-收益分析方面。例如，Clifford S. Russell（1970）对自然灾害损失评估的原则和问题进行了讨论，Russell 首先指出自然事件只有在存在人为调整的情况下才可能演变为灾害，损失是对人类面对异变的大自然进行调整的成本，也就是在定义自然事件的风险和测量灾害损失时应以人为调整为中心，然后 Russell 运用边际成本与边际收益的概念就私人与公共部门的最优调整水平进行了探讨；而 G. Thomas Sav（1974）指出，为了弄清消除自然灾害负面经济影响的潜在收益，需要对自然灾害损失进行评估，评估的结果可以为采取什么样以及何种程度的防灾措施提供决策依据。G. Thomas Sav 针对美国 20 世纪以来的自然灾害损失情况，以成本-收益分析法讨论了最优防灾水平的选择问题。

此外，继 Dacy 和 Kunreuther（1969）对灾害保险的讨论之后，其他还有一些文献也对此进行了专门的探讨，如 Kunreuther（1974）为减少自然灾害所致住宅损失的保险政策设计，提出了四种弥补灾害损失的成本分担办法：完全的政府责任、自我保险、为保险提供保障和土地使用限制与建筑法规；Michael J. Rettger 和 Richard N. Boisvert（1979）则通过对洪水保险和灾害贷款计划的经济比较，对美国的联邦洪水灾害援助计划进行了评估，他们的经验分析结果表明，两种方式以大致相等的成本提供了适当的灾害保障水平，但费用和利率补贴的变化会对总成本在公共和私人部门之间的分配产生较大影响。

2.1.2 自然灾害的经济后果研究

关于自然灾害经济后果与影响的分析，正如 Okuyama 等（1999）指出的那样，始终要面临诸多难以圆满解决的问题：（1）直接和间接损失的影响是模糊的；（2）生产过程的动态调整；（3）劳动力供给的变化；（4）数据可得性；（5）最终需求的变化。尽管如此，20 世纪 80 年代以来，尝试模型化灾害宏观经济影响的研究开始大量涌现，它们一般都是将灾害作为外生冲击变量来对待，从所采用的方法来看较为常见的有两类：

一是区域经济计量模型分析，这类方法通过首先选择一些主要经济变量（主要是工业产出水平），并考察其灾前趋势，然后考虑灾害对这一趋势的冲击，或者说是通过考察经济变量对常规趋势的偏离来考察灾害影响。这也就是 Ellson，Milliman 和 Roberts（1982、1984）所提出的"事件的发生和未发生"的标准。通过运用这种方法，Chang（1983）的研究认为，1979 年的飓风 Frederick 会导致亚拉巴马州的地方收入水平在长期中得以提高，因为政府的重建资金流向了海岸各县；Gillespie（1991）发现南加利福尼亚州的经济活动并未受到飓风 Hugo 的太大影响，因为灾害救济计划所提供的重建资金，补偿了该地区在灾害中所蒙受的产出、财富、就业以及州政府的税收损失；West 和 Lenze（1994）则发现，由于被飓风 Andrew 破坏的许多建筑需要重新修建，飓风对佛罗里达州的就业有着积极的短期影响。然而在长期，West 和 Lenze 预测该州的就业水平会因为大量人口迁出而下降。类似的研究还包括 Friesema 等（1979），Ellson 等（1984），以及 Guimaraes、Hefner 和 Woodward（1992）等。

二是运用投入-产出模型研究灾害经济影响，如 Cochrane（1974）在其对地震灾害经济影响的预测的研究中，为了考察类似 1906 年圣弗朗西斯科地震灾害的连锁反应，就运用了区域投入-产出分析来确定产出、就业以及税收收入等经济损失。Cochrane 得出结论认为，如果1974 年圣弗朗西斯科再次发生 1906 年那样的地震，那么可能会导致超过 130 亿美元的损失，其中大约一半是由于区域经济衰退所导致的收入损失，而失业人数将会增加 25 万左右。这些发现的重要性在于必须重新审视相关的公共政策，以避免大范围经济混乱的潜在可能性。其他如Wilson（1982），Rose（1991）以及 Okuyama 等（1999、2004）等的研究也是运用投入–产出分析灾害经济影响的典型例子。另外，Romanoff和 Levine（1981）在投入–产出模型的基础上开发了 SIM（Sequential Interindustry Model）模型，将静态的投入–产出分析转换成了动态形式。Okuyama 等（2001）即采用了 SIM 模型对 1995 年神户地震跨区域的经济影响进行了研究。也有学者认为 CGE（Computable General Equilibrium）模型更适用于分析自然灾害的经济影响（Boisvert，1992；Brookshire 和 McGee，1992），因为 CGE 模型可以克服计量模型和投入–产出模型的线性性、缺少行为背景、缺乏数量价格的交互作用，以及忽略资源约束等不足。它不仅能分析产业，而且能分析个人和政府决策，如 Rose 和 Guha（1999）就运用 CGE 模型，分析了由地震引起的电力基础设施损坏所导致的直接和间接经济影响；而 Thomas R. Harris等（2002）则运用动态的 CGE 模型研究了美国内华达州 5 个县的牧场火灾的经济影响问题；Rose（2005）以地震导致自来水供应中断为例运用 CGE 模型研究了区域经济对于灾害的适应能力。

然而，这些方法并不是没有任何缺憾与不足的，相反它们还要受到诸多的局限和约束。区域经济计量模型的一个较为严重的缺陷是数据的约束，仅仅通过 30 年左右的年度数据来进行分析和评估是难以得到理想的结果的。另外，同样的变量有可能被正在变化的力量和事件影响，而这些可能是与灾害并无关联的。投入–产出方法则要求受灾区域在某种程度上是独立的，依据当地的产出进行投入，从而自然灾害对地方经济体造成的供给冲击所带来的产出效应才能够加以确定。因此，从总体上来说，这两类方法的最大价值或许应该在于模拟各种灾害重建方案的效果以供决策参考方面（A. M. Yezer，2000）。此外，脱胎于 Walras 一般均衡理论的 CGE 模型的局限性也是显然的，作为多部门模型它需要的数据甚至比投入-产出分析更为复杂且难以得到，而 CGE 模型本身也不能提供有价值的预测。

进入 21 世纪以来，经济建模和定量分析的方法在各种灾害经济影响研究中依然居于主流地位。例如美国南加州大学的 Peter Gordon 等（2007）汇总的该校"恐怖主义事件风险及经济分析中心"（CREATE）2001 年以来，运用投入-产出模型分析有关恐怖袭击、疯牛病、飓风等各种灾害的经济影响的研究，就有 14 项之多。然而，大多数研究无论是对灾害的直接影响还是间接影响的分析，都还偏重对于短期影响的研究。这其中既包括数据与方法的限制，又包括观点与认识的分歧，因为从理论上讨论这个问题，完全可以得出自相矛盾的结果。关于长期影响的讨论主要见于下文将单独归纳的自然灾害与经济增长的研究。暂时我们需要注意到的是，许多研究中的自然灾害损失仅指的是有形的基础设施的重置价值，而并未包括灾害对地区或国民经济的潜在而巨大的系统性影响（Vermeiren，1991；Buckle 等，2001）。

2.1.3 自然灾害与经济发展关系研究

自然灾害对经济增长与发展的影响，即自然灾害与经济发展的关系，是自然灾害经济研究的一个重要内容。有关这一方面的研究比较典型处于多学科交叉的研究领域，因为经济发展的影响因素是多种多样的。综观国外的已有研究，长期影响分析和定量研究构成了这部分内容的主要特征，并且部分经验研究的结果显示，自然灾害对经济增长与发展的影响通常都不会持续得太久，而且，有些令人难以接受的是，受灾的经济体还有可能从所发生的自然灾害中获益。然而，从本质上来看，自然灾害的经济影响问题，无论是短期还是长期，终归都还主要是个经验问题（Cavallo 等，2009）。

实际经历灾害的经济体或地区的恢复情况如何，长期的经济后果主要会是什么？关于这类问题的解答较早地见于 A. Organski 和 Jacek Kugler（1977）的对战争成本的研究，他们通过使用 32 个样本和时间序列分析发现，在长期（15~20 年）损失的影响消散了，战败国加速了恢复进程并很快恢复到了战前状态，这也就是说，第二次世界大战的经济影响差不多在战后 15～20 年里就消失了。较近的研究也得到了类似的结论，如 Davis 和 Weinstein（2002）考察了二战期间美国对日本的轰炸从而对其人口区域分布的影响，结果他们发现并无显著变化，大多数城市 15 年之后就恢复了。甚至受创最为严重的城市，如广岛（20%的人口当即死亡）和长崎（8%的人口当即被炸死），分别在战后 30 年和 20 年里得以恢复。Miguel 和 Roland（2005）则运用 Ramsey 的分析框架，对越战的影响进行了研究。他们发现在 30 年之后，不同地区的贫困率差异，除了城市地区和北越，并无显著变化，因而也没有新的均衡。根据他们的分析，这是由于对大多数农村地区的轰炸都随着时间流逝自然恢复了，北越也采取了同样的战略来规避业已存在的物质资本损失，进行了大量的战后重建活动。

Dacy 和 Kunreuther（1969）不但最先针对灾害问题提出经济学分析方法，而且最先提出经济体可能由于引入新的技术而从灾害中获益的假设。Paulo Guimaraes 等（1992）也认为自然灾害一方面破坏了物质财富，但同时也带来了重建过程中经济活动的扩张，并且就大多数灾害而言这种影响可以持续 2 年以上。他们对 1989 年飓风 Hugo 的经济效益和损失进行了实证研究，得出结论认为飓风给受灾的美国各县区总共带来了总额高达 3.67 亿美元的净收入效应。多个国家的跨时期分析似乎也基本支持上述结论，如 Albala-Bertrand（1993）通过对 1960—1979 年间 26 个国家的 28 场灾害进行研究发现，GDP 在灾害之后增长了。Charvériat，Celine（2000）对 1980—1996 年期间发生在拉丁美洲和加勒比海地区的 35 个灾害进行的实证研究发现，其中 28 个国家在灾害发生当年真实经济增长率下降而在随后的两年中又显著上升。

然而相反结论的经验证据也是大量存在的，尤其是在较近的研究中，例如 Beson（2003）选用了 1960—1993 年间 115 个国家真实 GDP 的跨部门比较数据进行了实证检验。结果表明，灾害发生较频繁的国家较之灾害发生相对较少的国家，其经济增长率要低；Raddatz（2007）对 1975—2006 年 112 个国家的各类灾害经济影响的研究表明，小国和穷国更为脆弱，尤其容易受到气候灾害的影响；Hochrainer（2009）和 Eduardo Cavallo 等（2009）的研究也得出了类似的结论。

2.2 国内研究

我国关于自然灾害的经济学研究应是肇始于20世纪80年代，当时著名经济学家于光远发出倡导，号召建立灾害经济学。1987年5月，第一次全国性的灾害经济学学术讨论会召开，于光远系统阐述了自己对于自然灾害经济分析与研究问题的观点，从而为我国的自然灾害经济问题研究奠定了基本的理论基础。我国灾害经济学研究的推动者杜一教授则认为，灾害经济学的一个最基本的特点就是，它是一门守业经济学。它不研究价值形成和价值增值，而研究已有资源和已创造价值的保护。

2.2.1 自然灾害经济损失研究

我国的自然灾害经济学前期研究主要是结合经济学的基本理论来对我国的自然灾害及其影响与防御问题进行基础性的阐释，在内容上主要涉及洪灾（李文治，1987；王淑筠，1987；李亨章、熊维明，1994）、农业灾害（蒋琳，1990；石成林，1991）、生态灾害（申曙光，1992）以及灾害经济统计（赵理真，1987；李翔、周诚，1993；许飞琼，1995）等方面。

自然灾害损失是自然灾害经济学的最为基本的核心概念。国内早期对于自然灾害损失评估的研究主要是在灾害统计的基础上发展起来的，比较早地明确探讨灾害损失评估问题的学者有马宗晋、李闰峰（1990），高庆华（1991），孙卫东（1993），于庆东（1993）等。但是早期对于自然灾害损失范围的界定尚比较狭隘，例如有学者将自然灾害损失简单划分为"人员伤亡损失"、"经济财产损失"和"灾害救援损失"三类（赵阿兴、马宗晋，1993）。也有一些学者提出了设立度量灾害损失的分级标准的问题（孙卫东，1993）。另外，胡鞍钢（1991）、李吉顺等（1991）则相对领先探讨了我国的自然灾害对经济增长的影响以及自然灾害损失变化趋势和减灾效益评估的问题。

从20世纪90年代中期开始，随着自然灾害经济研究的逐步深入，对于各种具体自然灾害损失的计量和损失评估理论研究的文献逐渐增多。例如冯利华（1993）和黄渝祥（1994）等提出了定量计算自然灾害损失的问题，周进生（1993）则对我国旱灾的特点及经济损失评估问题进行了专门研究，另外对于地质灾害经济损失评估（王勇，1993；冯志泽，1994；唐川，1994）和洪水灾害损失评估（闵骞，1994；魏一鸣等，1997）等方面的研究也陆续涌现。于庆东、沈荣芳（1996）将自然灾害经济损失分为直接损失（包括企业和居民资产损失以及自然资源损失）和间接损失（包括停减产损失和产业关联损失），并对评估理论与方法进行了探讨。

近年来，我国的自然灾害经济损失研究基本上仍维持了以工科专家为主，另加自然灾害防治机构与实践部门人员结合实践进行研究的局面。各类自然灾害经济损失评估出现了技术不断向定量以及模型分析方向发展的趋势，并仍主要以直接经济损失研究为主，如金菊良等（1999）对加速遗传算法在地下水位动态分析中的应用研究，王海滋（2000）基于稳态泊松模型的自然灾害直接经济损失评估，路琮等（2002）的灾害对国民经济影响的定量分析模型与应用研究，杨爱民等（2003）对于水土流失经济损失的计量研究，郭章林等（2004）对于震灾经济损失评估的遗传神经网络模型的研究，杨俊杰等（2006）对荒漠化灾害经济损失评估理论与方法的回顾与总结，以及范一大（2015）对重特大自然灾害损失综合评估进展情况的综述。对于灾害经济损失的定性研究近年则较为少见，少数涉及间接损失评估问题的研究也仍以计量方法的讨论为主，如张鹏等（2015）对作为灾害损失定量评价方法的"综合灾情指数"的研究，以及连达军等（2016）的基于 IOSM 的自然灾害损失风险分析等。

总体而言，国内对于自然灾害经济损失的研究似乎始终存在着自然科学与社会科学以及不同种类灾害之间的明显"断裂"现象，而且在一定程度上呈现出了随着科学技术水平的不断提高和研究的日益细化和专门化而加剧的趋势。

2.2.2　自然灾害防灾减灾研究

我国自古以来就有官方担负主要职责的各种兴修水利和赈灾救济等

活动，并有着"仓储后备论"等较为丰富的自然灾害防灾减灾的各种思想。新中国成立以来，我国尤其注重自然灾害的影响和防灾减灾问题。然而，较为系统地运用现代经济与管理理论来认识和研究自然灾害防灾减灾问题，则是在改革开放以后，尤其是 20 世纪 80 年代响应第 42 届联合国大会通过的有关"国际减轻自然灾害十年"的决议以后。我国当代的自然灾害防灾减灾研究可以总结为以下三个主要方面：

第一，自然灾害发生机理与变化特征研究。这方面的研究是自然灾害防灾减灾决策的最基本的依据，并与自然科学对于自然灾害研究的进展紧密地联系在一起。除了纯科学性的自然灾害发生机理的专门研究，有相当多的此类研究的主题都是直接指向我国的自然灾害防灾减灾政策和措施的，例如段德寅（1995）对我国长江中下游地区暴雨致灾因素、洪涝分布规律及灾害损失评估的研究，国家科委重大灾害综合研究组（1993）对全国重大自然灾害及减灾对策的研究，郑双治（1996）对我国洪涝灾害变化特征的研究，覃子建（2000）对 20 世纪地震灾害的概述及预测预防问题的研究。另外，国家统计局和民政部等发布的中国灾情报告（如 1949—1995 年），也为我国的自然灾害防御与应对提供了重要的决策依据，而民政部门则每年都会将当年灾害核定的情况予以公布（如 1992—2016 年）。

第二，自然灾害管理系统理论研究。牛文元（1990）较早提出了自然灾害管理系统的概念，认为自然灾害的成因和造成后果，应该从"自然-社会-经济"复合系统理论中去认识。揭示自然灾害"整体效应"的定量思考，最终必然归结到数值指标体系的制定，以此作为临界值和判别准则，建立自然灾害的规模、程度、等级、触发度、伴生度，以及灾后救援标准与对策等一系列计算机管理体系，结合中国灾害特点及经济实力，形成中国自然灾害管理系统。李增义（1991）则对我国的减灾管理体制进行了研究，并提出了减灾管理体制改革的基本思路。另外，王昂生（1990，1991）、马宗晋（1992）、王亚勇（1995）、范宝俊（1998，1999）、汤爱平（1999）、李宝俊（2004）、童星（2011）和金磊（2015）等也都结合我国自然灾害情况对减灾战略和灾害管理问题进行了研究。

第三，自然灾害管理经验总结与研究。例如范巨通（1991）较早总结了中国人民解放军参加减灾活动的基本经验。李振东（1993）对中国工程建设抗震减灾对策问题进行了探讨。梁嘉琨（2004）则对我国生产安全应急救援体系进行了研究。马宗晋、高建国（2004）对我国减灾规划实施情况进行了评估。近年来，一个与国外类似的发展趋势是自然灾害防灾减灾问题逐渐被纳入工业化和城市化的大背景之中加以考虑和研究，一系列的有关城市综合防灾减灾的研究开始陆续出现。例如郭济等（2005）、金磊（2005、2013、2016）、徐波（2006）、焦双健（2006）、陈思源（2011）和肖遥等（2015）等。

另外，对于国外自然灾害防灾减灾经验的介绍和研究也是自然灾害管理经验研究的一个重要方面：如 Mana. 和吴浩云（1992）对菲律宾自然灾害管理情况的介绍；潘允中（1993）对加拿大的灾害管理援助所做的概要介绍；高孟潭等（1999）对日本防灾减灾与社会可持续发展经验的介绍；崔秋文等（2000）比较分析了世界上一些大城市的防灾减损措施，提出了具体对策；成丽英（2006）对美国灾害援助政策与管理的介绍；张维平（2008）对美国、加拿大、意大利应急管理现状与启示的研究；周洪建和张卫星（2013）对中国综合减灾示范社区与国外社区的比较；秦莲霞等（2014）对国外气象灾害防灾减灾经验的借鉴等。

2.3　研究述评

通观国外尤其是西方的自然灾害经济研究，可以给我们带来很多有益的启发。概括来说，"多元化"是国外自然灾害经济研究最主要的特征，它分别表现在研究视角、研究力量以及研究对象和方法等各个方面。同时，国外的自然灾害经济研究既注重理论探讨，又注重对经验证据的收集和分析，并且越来越朝着经验分析和模型化的方向发展。

2.3.1 多学科交叉融合，研究范围逐步拓展

国外自然灾害经济研究的多元化特征，首先就表现在了经济学、管理学、社会学、工程学乃至心理学和伦理学等多个学科的交叉与综合方面。由前文综述部分内容可以得知，经过了半个世纪的发展，国外对于自然灾害经济问题的研究已经出现了较为明显的多学科交叉融合的趋势。从自然灾害经济研究兴起之初到现在，国外的许多学者分别从多种角度和不同层次就各类灾害的经济影响评估和恢复问题进行了深入细致研究，得出了许多重要的结论，并且在此基础上提出了许多极具建设性的意见和建议。因此，多学科的交叉综合以及研究范围的纵深拓展，非常符合自然灾害问题研究的要求，我国自然灾害问题研究中的不同学科和不同灾种之间的"断裂"现象迫切需要加以转变。

2.3.2 政府主导和推动，社会各界广泛参与

由于自然灾害引发的经济问题多数处于公共领域或属于社会问题，政府责无旁贷地承担着自然灾害管理和防灾减灾的任务，因此政府的主导和推动是自然灾害经济研究不断向前发展的重要因素。例如美国负责国家灾害管理的联邦机构有 20 多个，如联邦应急管理署（FEMA）、国家海洋与大气管理局（NOAA）、环境保护局（EPA）以及美国森林局（U. S. Forest Service）等，这些政府机构对于防灾减灾战略和政策的制定与执行，无疑有力地推动了灾害经济研究的发展。另一方面，社会各界尤其是各种学术团体和非营利组织（NGO）的广泛参与也是一个推动灾害经济研究发展的积极因素，许多重要的研究成果都是在这些团体和组织的支持下取得的，如美国科罗拉多大学在国家科学基金会（NSF）的资助下，分别于 1972 年和 1994 年所进行的"国家自然灾害评估"。

2.3.3 对自然灾害影响复杂性和动态性的认识

自然灾害的影响是全面、广泛和综合性的，国外灾害经济研究呈现的多学科交叉整合趋势，以及所取得的大量成果，从根本上来说都反映

出了国外尤其是西方对自然灾害影响复杂性和动态性的认识水平比较高。有关于此的认识，比较充分地反映在了自然灾害经济影响分析范围的不断扩大和时空差异的对比分析方面。或许认识水平与经济发展以及自然灾害理论研究和管理实践是互为因果或互相促进的，其中的具体缘由需要结合具体情境来看待。单独再提出这一点是因为我们不得不承认，国内有关这一方面的认识尚存在很大的欠缺，有关自然灾害经济问题的综合研究恐怕还有很长的一段路要走。

2.3.4　自然灾害数据可得性和经验分析水平

为了更为准确地评估自然灾害经济影响以及检验和制定对策，结合自然灾害数据进行经验分析是非常有必要的。这首先要求有足够充分的数据，其次才是经验分析的具体方法。相比较发展中国家而言，西方发达国家在数据可得性方面有着更高的水平，其统计标准也相对更为合理，并且统计范围也更广，在这一方面我们只能是一点一滴逐步地加以完善。目前国际上比较权威的灾害数据库首推慕尼黑再保险公司（Munich Re）的数据库和位于布鲁塞尔的"灾害流行病研究中心（CRED）"的灾害数据库，尽管其统计标准和数据并非尽善尽美，但引用十分广泛且影响较大。目前我国官方和部分学术机构对于灾害数据的搜集和公布，不但严重滞后，而且异常匮乏，如果我国的自然灾害经济研究要深入进行下去，我们也急需建立和维护起自己的灾害数据库。

第3章　我国的自然灾害及其经济损失

这是世界上自然灾害最严重的少数国家之一；从有人类记录以来，旱涝灾害、山地灾害、海洋灾害每年都在中国发生。

——联合国减灾科技委员会

中国是世界上自然灾害最为严重的国家之一。伴随着全球气候变化以及中国经济快速发展和城市化进程不断加快，中国的资源、环境和生态压力加剧，自然灾害防范应对形势更加严峻复杂。

——《中国的减灾行动》白皮书，2009年5月

中华文明的开篇就是治理水患，回顾辉煌壮丽的五千年文明史，不难发现，自然灾害始终都要占据着这幅灿烂图景的某些较为显眼的位置，给整个画面平添了一道道阴郁灰暗的色彩。亘古以来人们就会时常饱尝大自然的冷酷与无情，当自然灾害所带来的种种大灾难降临之时，往往无论人们怎样努力，一切都似乎尽在大自然的掌握之中。洪水、干旱、地震、台风等各种自然灾害曾无数次地横扫了中华大地，灾害所发之处经常是良田被毁、房屋倒塌，人们流离失所并时常伴随着死亡、饥

饿和疾病等苦痛折磨。自古以来，所有的自然灾害情况我们并不能够——还原和列举，当然也并没有这个必要。我国自古有关自然灾害的各种资料记录虽然不够完备，但已有的记录已经足够揭示出我国的确自古就是个"多灾多难"的国家。

3.1 我国自然灾害概况

自然灾害是以自然变异为主因，危害人类生命财产和生存条件的各类事件的统称。自然灾害主要包括干旱灾害、洪涝灾害、风雹灾害、台风灾害、地震灾害、滑坡和泥石流灾害、低温冷冻和雪灾、高温热浪灾害，以及严重破坏农作物、森林、草原和畜牧业的病虫害等①。作为少数自然灾害最为严重的国家之一，我国境内几乎囊括了所有的自然灾害类型，且各类较大规模的自然灾害时有发生，尤以水旱灾害为甚。总体来说，我国的自然灾害有着"种类多、分布广、频率高和损失重"四大主要特征。

我国的自然灾害在空间上主要分布于沿海、沿江、山前的人类活动较为集中的地带，可以分为三大灾害带，即沿海灾害带、沿江灾害带、山前灾害带。具体而言，沿海地区主要以台风、风暴潮、暴雨、洪涝、干旱、海水入侵、地震等灾害类型为主；内地地区主要以暴雨、洪涝、干旱、地震、滑坡、泥石流、水土流失、风沙等灾害类型为主；北方地区主要以暴雨、洪涝、干旱、地震、沙尘暴、寒潮等灾害类型为主；南方地区则多以暴雨、洪涝、干旱、台风、地震、滑坡、泥石流等灾害类型为主。例如，在 1900—2000 年，水旱灾害几乎遍布我国整个东部和中部地区，而西部地区则主要受地震灾害和雪灾的影响较多②。

根据历史资料记载，在自公元前 206 年起至 1949 年的 2 155 年之中，我国总共发生过水灾 1 029 次，发生较大的干旱灾害达 1 056 次③。这意味着损失与影响较为严重的自然灾害，平均大约每两年就会发生一次，我国历史上的自然灾害的频繁程度由此可见一斑。另有国内的部分

---

① 自然灾害情况统计制度 [S]. 中华人民共和国民政部，2008.
② 史培军. 中国自然灾害系统地图集 [M]. 北京：科学出版社，2003.
③ 胡鞍钢，等. 中国自然灾害与经济发展 [M]. 武汉：湖北科学技术出版社，1996.

专家学者经搜集与整理各种历史资料得到的统计结果显示，在 1949 年之前的 2 000 年中，因灾死亡人口在万人以上的重大自然灾害事件约有 235 次，其中除 23 次地震灾害以外，其余均为水旱灾害、江浙一带的台风风暴潮灾害，以及新疆喀什的 2 次低温冻害（1848 年，1 万人；1879 年，10 万人）。从具体所占比例上看，洪涝灾害占 35.3%居首位，旱灾占 35%次之，台风风暴潮占 18%，而地震占 10%[①]。这同样反映出水旱灾害在我国历史上的首要影响力，水旱灾害大约占据了各类自然灾害的 6~7 成左右。另据统计，公元 11 世纪至 17 世纪，我国就曾经出现因旱灾死亡 100 万人（1616 年，山东、江苏）及 53 万人（1614 年，山东、河南、河北、山西、安徽）的严重自然灾害事件[②]。考虑到当时的人口总量并不多，导致如此大规模的人口因灾死亡足见自然灾害的严重程度。

表 3-1 给出的是我国学者对公元前 180 年至 1949 年间，我国的各类自然灾害的发生次数和死亡人数的部分统计。从简单汇总的情况可以得知，从发生次数看，在所统计的六类自然灾害之中，涝灾所占比例是最大的，飓灾次之，而飓灾、旱灾和寒灾等气象灾害合在一起则占了 4 成左右。如果从因灾死亡人数看，干旱灾害居各类灾害之首，其导致死亡人口占全部因灾死亡人口的 4 成左右。

表 3-1　　　公元前 180—1949 年我国自然灾害概况

灾害类型	次（权）数	百分比（%）	死亡人数（人）	百分比（%）	每次（权）平均死亡人数（人）
涝灾	59.66	29.4	3 398 229	11.36	56 960
飓灾	55	27.1	1 234 592	4.13	22 447
疫灾	36.83	18.1	2 494 514	8.34	67 730
饥灾	28.83	14.2	10 472 110	35.00	363 237
旱灾	15.66	7.7	11 854 333	39.62	756 982
寒灾	7	3.5	465 000	1.55	66 429
合　计	202.98	100	29 918 778	100	147 383

资料来源：梁鸿光．减灾必读［M］．北京：地震出版社，1990：430.

① 范宝俊．灾害管理文库：第二卷：中国自然灾害史与救灾史［M］．北京：当代中国出版社，1999.
② 王昂生．中国减灾与可持续发展［M］．北京：科学出版社，2007：10.

　　新中国成立以来，我国的各类自然灾害依旧十分频繁活跃，洪涝、干旱、地震、森林灾害以及海洋灾害等造成了大量的人员伤亡和财产损失。根据有关部门的最近统计，现阶段我国的自然灾害中气象灾害所占的比例为71%，地震灾害占7%，海洋灾害占8%，农林牧生物灾害占6%，其他灾害占8%（如图3-1所示）。而在气象灾害中，旱灾排在首位占53%，洪涝灾害位列第二占28%，风雹占8%，冷冻占7%，台风占4%（中国气象局，2009）。这一构成情况无疑表明，新中国成立以来，我国发生的各类自然灾害大致仍维持着我国历史上的水旱灾害首当其冲的基本格局。

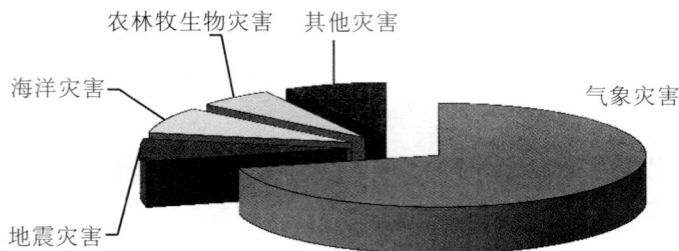

图 3-1　我国自然灾害的构成情况

　　另一方面，我们也通过国际上影响较大的 CRED 的灾害数据库[①]，整理了有关我国自然灾害的部分统计数据，作为对照和印证（见表3-2、表3-3和表3-4），它们分别给出了我国自1900年以来所造成死亡人数和影响人口最多，以及经济损失最为严重的十大自然灾害事件。从因灾死亡人口来看，除了1959年洪水和1976年唐山大地震，最严重的自然灾害事件都发生在新中国成立以前。但从受影响人口和经济损失的规模来看，则与前述情况相反，尤其是造成巨额经济损失的主要是20世纪90年代以后的自然灾害事件。

　　[①]　位于比利时布鲁塞尔的灾害流行病研究中心（Centre for Research on the Epidemiology of Disaster，CRED）的"EM-DAT"数据库是一个国际灾害数据库，各国的灾害研究领域中对于该数据库的资料引用较多，影响较为广泛。它收录了自1900年以来发生在全球范围内的大约12 500个重大灾害事故，包括自然灾害和人为灾害。其数据资料的来源是多种多样的，包括联合国相关机构、非政府组织、保险公司、研究机构和出版机构等。一个进入该灾害数据库的灾害事件至少满足如下标准之一：报道10人或以上遇难；报道100人或以上受到影响；宣布了紧急状态；请求国际援助。"EM-DAT"主要包括了如下信息：灾害编码（每一个灾害事件都有一个唯一的编码）；灾害事件发生的国家；灾害组别（自然灾害、技术灾害以及综合的紧急状态）；灾害类型；发生日期；死亡人数；受伤人数；无家可归者；受影响者；总影响人口（受伤人口、无家可归者和被影响人口的总和）；以美元为单位的估计损失。

表 3-2　　1900—2016 年我国十大自然灾害（按死亡人数排序）

序号	灾害	时间	死亡人数（人）
1	洪水	1931 年 7 月	3 700 000
2	干旱	1928 年	3 000 000
3	洪水	1959 年 7 月	2 000 000
4	流行病	1909 年	1 500 000
5	干旱	1920 年	500 000
6	洪水	1939 年 7 月	500 000
7	地震	1976 年 7 月	242 000
8	地震	1927 年 5 月	200 000
9	地震	1920 年 12 月	180 000
10	洪水	1935 年 7 月	142 000

表 3-3　　1900—2016 年我国十大自然灾害（按受影响人口排序）

序号	灾害	时间	受影响人口（人）
1	洪水	1998 年 7 月	238 973 000
2	洪水	1991 年 6 月	210 232 227
3	洪水	1996 年 6 月	154 634 000
4	洪水	2003 年 6 月	150 146 000
5	洪水	2010 年 5 月	134 000 000
6	洪水	1995 年 5 月	114 470 249
7	洪水	2007 年 6 月	105 004 000
8	洪水	1999 年 6 月	101 024 000
9	洪水	1989 年 7 月	100 010 000
10	热带气旋	2002 年 3 月	100 000 000

表 3-4   1900—2016 年我国的十大自然灾害（按经济损失排序）

序号	灾害	时间	经济损失（万美元）
1	地震	2008 年 5 月	8 500 000
2	洪水	1998 年 7 月	3 000 000
3	雪灾	2008 年 1 月	2 110 000
4	洪水	2010 年 5 月	1 800 000
5	干旱	1994 年 1 月	1 375 520
6	洪水	1996 年 6 月	1 260 000
7	洪水	1999 年 6 月	810 000
8	洪水	2012 年 7 月	800 000
9	洪水	2003 年 6 月	789 000
10	洪水	1991 年 6 月	750 000

3.1.1 洪涝灾害

洪涝灾害，俗称水灾，是由于降雨、融雪、冰凌、风暴潮等引起的洪流和积水所造成的灾害，包括洪水灾害和渍涝灾害[①]。由于洪水灾害和雨涝灾害往往同时或连续发生在同一地区，有时难以准确界定并加以区别，所以常常统称为洪涝灾害。洪涝灾害是我国出现概率最高、影响范围和造成损失最大的自然灾害。数千年以来，水灾一直严重威胁着中华民族的生存与发展，相比较其他灾害而言，水灾夺去的生命占因灾死亡人口的大部分，并导致了数额庞大的经济损失。

根据国际灾害数据库"EM-DAT"的最新统计，在 1900 年以来世界范围内所导致经济损失最严重的十大洪灾中，中国就占了 4 席，依次分别是 1998 年（第 1 位）、1996 年（第 3 位）、1999 年（第 8 位）和2003 年（第 10 位）的洪水灾害。其中居于第 1 位是我国 1998 年的洪水灾害，经济损失高达 300 亿美元（我国官方公布的直接经济损失额是

----

① 原国家科委、国家计委、国家经贸委自然灾害综合研究组. 中国自然灾害综合研究的进展［M］. 北京：气象出版社，2009：34.

2 551亿元人民币，两者大致相当）。如果按因灾死亡人口进行排序，在20世纪以来全世界最严重的十大洪灾中，中国占了7个，名列前6位的洪涝灾害全部发生在我国，详见表3-5。

表3-5　　20世纪以来的全球十大洪水灾害（按死亡人口和损失排序）

序号	国家	时间	死亡人口（人）	序号	国家	时间	损失（亿美元）
1	中国	1931年	3 700 000	1	中国	1998年	300
2	中国	1959年	2 000 000	2	朝鲜	1995年	150
3	中国	1939年	500 000	3	中国	1996年	126
4	中国	1935年	142 000	4	美国	1993年	120
5	中国	1911年	100 000	5	德国	2002年	116
6	中国	1949年	57 000	6	美国	2008年	100
7	危地马拉	1949年	40 000	7	意大利	1994年	93
8	中国	1954年	30 000	8	中国	1999年	81
9	委内瑞拉	1959年	30 000	9	意大利	2000年	80
10	孟加拉国	1974年	28 700	10	中国	2003年	78.9

洪涝灾害是对我国经济发展影响最为严重的自然灾害，国家防汛抗旱总指挥部办公室提供的数据表明，全国大约有着40%的人口、35%的耕地和70%的工农业产值分布在长江、黄河等七大江河中下游的洪水灾害威胁区。从具体的区域分布上看，我国的洪涝灾害主要集中在东部地区，以七大江河中下游的河南、安徽、江苏、湖北、湖南、吉林、黑龙江以及四川省最为严重。但总体来说，我国的洪涝灾害十分频繁，几乎平均不到两年就发生一次较大的洪涝灾害，而几乎每年都会因洪涝灾害造成大规模的损失。例如据历史资料记载，从西汉建立到清末，即公元前206年至1911年的2 117年间，中国发生较大洪涝灾害1 011次，大约平均2年一次。历史上危害甚重的黄河，三年两决口、百年一改道，泛滥范围北到天津，南至淮河流域，总计25万平方千米。又如1933年黄河大水，南北两岸大堤决口50多处，死亡1.8万人。另一方面，长江

自汉代开始就有水灾记载，而 1931 年长江、淮河洪水，共导致约 40 万人丧生，1935 年长江支流汉江和澧水特大洪水，死亡 14.2 万人。

新中国成立以来，我国每年仍然有着不同程度和范围的洪涝灾害发生，年均受灾面积大约为 3 000 万公顷，并总共造成了 26.3 万人死亡、11 074 万间民房倒塌；平均每年造成的受灾农作物和成灾农作物面积分别占耕地面积的 10% 和 5%。在重灾年份，死亡人数超过 1 万人，倒塌房屋 500 万间以上，直接经济损失超过 1 000 亿元[①]。在 20 世纪的后半个世纪，不同年代之间我国的洪涝灾害灾情概况可见表 3-6。

表 3-6　　　　　20 世纪后半期我国洪涝灾害灾情概况

时间	平均每年受灾程度			
	死亡人口（人）	倒塌房屋（万间）	受灾农作物面积（万公顷）	成灾农作物面积（万公顷）
1950—1959 年	8 571	241	736	457
1960—1969 年	4 091	251	767	473
1970—1979 年	5 179	123	536	229
1980—1989 年	4 349	154	1 043	553
1990—2000 年	3 748	307	1 467	835

资料来源：原国家科委、国家计委、国家经贸委自然灾害综合研究组. 中国自然灾害综合研究的进展 [M]. 北京：气象出版社，2009：35.

另据统计，20 世纪 90 年代以来全国年均洪涝灾害损失在 1 100 亿元左右，约占同期全国 GDP 的 1.8%。遇到发生流域性大洪水的年份，如 1991 年、1994 年、1996 年和 1998 年，该比例达到 3% ~ 4%。

3.1.2　干旱灾害

干旱（drought）是我国最常见、对农业生产影响最大的自然灾害，它指的是由于水分的收支或供求不平衡而形成的水分短缺现象。与洪水灾害一样，旱灾也一直严重侵扰着我国，给我国农业生产、林牧

---

① 高庆华，等. 中国自然灾害与全球变化 [M]. 北京：气象出版社，2007：18.

业、水产养殖、内河航运、水力发电以及城市供水等方面均造成了极大的损失和影响。干旱受灾面积一般可以占农作物总受灾面积的一半以上，严重干旱年份里该比例甚至高达75%。从空间分布上看，我国受干旱灾害最严重的是黄淮海地区，其次则是内蒙古、山西、陕西、江苏、安徽、四川、湖南、广东等地区。

我国的干旱灾害是与特定的自然地理和气候背景条件密切相关的，一方面，我国位于亚欧大陆的东南部，东部和南部濒临太平洋，西北则深入到亚欧大陆腹地，疆域辽阔、地形复杂；另一方面，我国大部分地区受东南和西南季风的影响，自然形成了东南多雨、西北干旱的基本特征。同时，干旱灾害的形成也是与人类活动的因素分不开的。例如，由于人口的持续增长和经济的高速发展，许多地区对水资源的过度开发，致使一些河流枯季断流、井泉干涸、湿地消失、地下水位下降、水生态环境恶化等。例如，黄河从20世纪70年代就开始频繁地发生断流现象。在最严重的1997年，受大旱影响黄河下游的利津水文站全年断流时间长达226天，最长断流河段超过700千米。

1949年以来，我国已发生较大范围的严重干旱17次（水利部，2009）。迄今为止，我国最严重的干旱灾害发生于1978年，该年全国受旱率0.268，成灾率0.120，粮食减产率0.062，受灾人口率0.097。在1949—1990年的42年中，出现等于大于该年受旱、成灾面积的概率2.3%，出现等于、大于该年粮食减产量的概率为11.6%，是1949年以来最为严重的干旱年之一。该年重旱区主要分布在长江中下游和淮河流域，北方的东北、西北、华北和新疆，也出现不同程度的旱情（中国水利学会，2006）。从受灾和成灾面积的演变情况看，20世纪50年代年均受灾面积为1.52亿公顷，70年代则为2.81亿公顷，而90年代则达到了2.71亿公顷。成灾面积50年代年均为0.52亿公顷，70年代则为0.85亿公顷，而90年代达到了1.39亿公顷。另据统计资料计算，在1991—2005年间，我国年均受旱面积0.26亿公顷，年均成灾面积0.14亿公顷，年均绝收面积为393.3万公顷，年均损失粮食约300亿千克。

3.1.3　台风灾害

台风（Typhoon）灾害指的是热带或副热带海洋上发生的气旋性涡旋大范围活动，伴随大风、巨浪、暴雨、风暴潮等，对人类生产生活具有较强破坏力的灾害。中国气象局颁布的《热带气旋等级（国家标准GB/T 19201−2006）》将热带气旋按中心附近地面最大风速分成六个等级，即超强台风、强台风、台风、强热带风暴、热带风暴、热带低压。在我国，一般将热带低压、热带风暴、强热带风暴、台风、强台风和超强台风造成的灾害统称为台风灾害。我国北起辽宁省，南至广东和广西的沿海一带，每年都有可能遭受台风灾害的袭击，其中又以登陆广东、福建和台湾三省的台风次数为最多。台风灾害给我国东南沿海地区带来的影响十分巨大。

从 CRED 的灾害数据库中记载的最近 50 年来我国台风灾害的情况看，自 1956 年以来总共有 104 次记录，并主要是集中在 20 世纪 80 年代以后。从死亡人数上看，有数据记录的加总后为 13 016 人，平均每次灾害死亡人数为 137 人。死亡人数超过千人的有 3 次，分别为 1956 年 8 月（2 000 人）、1994 年 8 月（1 174 人）和 1959 年 8 月（1 064 人），而死亡人数超过百人以上的共有 28 次。其中，仅 2006 年就发生了 3 次：2006 年 7 月 16 日—19 日，强热带风暴"碧利斯"给福建、湖南和广东带来严重影响，造成 820 人死亡，导致经济损失 33 亿美元以上；2006 年 8 月 6 日—11 日，自 1949 年中华人民共和国成立以来登陆中国大陆最强的台风——超强台风"桑美"横扫浙江苍南县和福建等地，造成 441 人死亡，经济损失高达 25 亿美元；2006 年 8 月 3 日—6 日，台风"派比安"给广东、广西和海南等地带来 9 亿美元的经济损失，造成 89 人死亡，1 000 万人口受影响。

3.1.4　地震灾害

地震灾害是指由地震引起的强烈地面振动及伴生的地面裂缝和变形，使各类建（构）筑物倒塌和损坏，设备和设施损坏，交通、通信中断和其他生命线工程设施等的破坏，以及由此引起的火灾、爆炸、瘟疫、有毒物质泄露、放射性污染、场地破坏等所造成的人畜伤亡和财产损失的灾害。

我国由于受到欧亚地震带和环太平洋地震带的控制，地震活动十分频繁，属于地震灾害最严重国家之一。在通常情况下，相比其他种类灾害而言，地震并不会造成过多的人员伤亡，所导致的直接经济损失一般也没有水旱灾害和海洋灾害所导致的那么巨大。但是偶发的特大地震灾害却可以导致大量人口伤亡和庞大经济损失，并给人们造成巨大的心理创伤，从而给经济与社会发展所造成的整体影响十分巨大。据统计，在整个 20 世纪之中，全世界 7 级以上的地震，我国就占了 35%；8.5 级以上的地震全球共发生过 3 次，而其中就有 2 次发生在我国（一次发生在 1920 年的宁夏海原，另一次是 1950 年西藏察隅、墨脱间的地震）。1949—1990 年间，我国大陆地区 7 级以上地震就有 52 次。

新中国成立以来，100 多次的破坏性地震袭击了我国 22 个省（自治区、直辖市），其中涉及东部地区 14 个省份，造成 27 万余人丧生，占全国各类灾害死亡人数的 54%。地震成灾面积达到了 30 多万平方千米，房屋倒塌达 700 万间（民政部，2008）。最让我们记忆犹新的就是 2008 年 5 月 12 日发生的四川汶川特大地震，它共造成了 69 227 人遇难、374 643 人受伤，另有 17 923 人失踪，此次地震所造成的直接经济损失则高达 8 451 亿元（民政部、财政部、国家发改委等，2008）。然而，汶川特大地震刚刚过去不久，2010 年 4 月 14 日 7 时 49 分青海省玉树藏族自治州玉树县又发生了 7.1 级地震，造成 2 698 人遇难；后来，2013 年 4 月 20 日四川省雅安市芦山县的 7.0 级地震，2014 年 8 月 3 日云南省昭通市鲁甸县的 6.5 级地震，以及 2015 年 4 月 25 日的尼泊尔地震（西藏灾区）等，都给我国带来了较大的人员伤亡与财产损失。

3.1.5 地质灾害

地质条件和气候环境决定了我国的地质灾害种类十分齐全，其中最为严重的就是滑坡、崩塌、泥石流和地面塌陷。滑坡灾害是指斜坡上的岩土体由于种种原因，在重力作用下沿一定的软弱面整体向下滑动造成的灾害。崩塌灾害是指从较陡斜坡上的岩土体在重力作用下突然脱离山体崩落、滚动，并相互撞击，最后堆积在坡脚（或沟谷）形成倒石堆的地质现象所造成的灾害。泥石流灾害是指在山区沟谷中，由于暴雨、冰雹、融水等水源激发的、含有大量泥沙石块的特殊洪流所造成的灾害。一般把崩塌、地面塌陷、地裂缝等地质灾害也归入滑坡和泥石流灾害中统计。

种类繁多而分布广泛的地质灾害以其突发性和极大的破坏性，每年都给我国造成了大量的人员伤亡和财产损失。

根据统计，20 世纪 80 年代末至 90 年代初，我国每年因地质灾害造成 300～400 人死亡，经济损失 100 亿元左右；90 年代中期以来，每年约造成 1 000 人死亡，经济损失高达 200 多亿元。根据最新的统计资料，自 2000 年以来，我国每年平均发生地质灾害约 30 000 次，其中滑坡占 65%左右，崩塌占 20%左右，泥石流约占 9%，地面塌陷约占 3%。2000 年以来平均每年因地质灾害死亡 750 人，年平均直接经济损失 40 亿元以上。另一方面，我国对于地质灾害的防治投资也在逐年上升，近 9 年来我国共投入了 166.5 亿元，其中 2008 年投入了 52.9 亿元。值得注意的是，地质灾害除了与地质构造和气候条件有关，如重力作用、地震、冻融、地下水位变化和降雨等，受人类经济活动的影响也十分明显，如破坏植被、过度抽取地下水和矿产资源的大量开采也是各种地质灾害的重要诱发因素。

3.1.6 森林灾害

森林灾害主要是指森林生物灾害（病虫害和鼠害）和森林火灾。目前，我国年均发生林业生物灾害 1 000 多万公顷，损失高达 880 亿元（国家林业局，2009），如以森林病虫害为例，1950 年以来我国每年森林病虫害平均发生面积达 700 万公顷以上，每年减少林木生长量约 1 700 万立方米，因森林生物灾害枯死森林面积年均约 30 万公顷。我国森林病虫害的发生面积和经济损失都呈现出了非常明显的不断扩大趋势，如 1951 年为 4.92 万公顷，1961 年为 99.72 万公顷，1971 年为 243.2 万公顷，1981 年为 736.5 万公顷，而 1991 年则为 1 052.67 万公顷，由此造成的经济损失也由新中国成立之初的 1 亿～4 亿元，上升到了 90 年代的 50 亿元左右（高庆华等，2007）。

　　森林火灾也同样不可小觑。根据国家林业局统计，1950—2001 年我国年均森林火灾次数为 1.16 万次，年均受害森林面积为 53.4 万公顷，其中，1987 年以前全国森林火灾年平均次数为 15 932 次，受害森林面积年均 94.7 万公顷；1988—2001 年年均森林火灾次数为 6 574 次，年均受害森林面积 5.15 万公顷。进入 21 世纪以来，2001—2008 年间，我国年均森林火灾次数为 9 938 次，年均受灾森林面积为 15.64 万公顷，年均导致死亡 70 人左右（国家统计局，2009）。尽管从火灾次数、受灾面积和死亡人数上看，显示出一定的下降迹象，但 2000 年以来的森林火灾直接经济损失明显趋于上升，如 2000 年为 3 069 万元，2003 年高达 36 999.8 万元，2008 年为 12 593.91 万元，9 年间年均直接经济损失高达 12 968.18 万元（国家统计局，2009）。

3.1.7 海洋灾害

　　海洋灾害主要指风暴潮、海浪、海冰、海雾、飓风、海啸、赤潮以及海水入侵和溢油等突发性的自然灾害，影响我国的海洋灾害主要包括风暴潮、巨浪、海冰灾害和海雾灾害等。我国有着 300 万平方千米海洋疆域，也是海洋灾害最为严重的国家之一。在各类海洋灾害中，风暴潮导致的经济损失占绝大部分比例，而因海洋灾害死亡的人口主要是由海浪和风暴潮所造成的。

　　有关的统计资料表明，在 1989—1996 年的 8 年间，由海浪推翻的大小船舶有 29 764 艘。2000—2005 年，海浪灾害共造成死亡（含失踪）787 人，占全部海洋灾害死亡人数的 67.6%；直接经济损失 10.73 亿元，占全部海洋灾害损失的 1.7%（中国海洋学会，2009）。截至目前，2005 年的海洋灾害损失为新中国成立后之最。当年共发生风暴潮、赤潮、海浪、溢油等海洋灾害 176 次，沿海 11 个省（直辖市、自治区）全部受灾，造成直接经济损失 332.4 亿元。其中，风暴潮灾害共造成直接经济损失 329.8 亿元，死亡（含失踪）137 人。其次是海浪灾害，海浪灾害直接经济损失 1.91 亿元，死亡（含失踪）234 人。公众所关注的赤潮灾害所造成的直接经济损失只有 6 900 万元（国家海洋环境预报中心，2009）。

3.2 我国自然灾害经济损失趋势分析

自然灾害给经济与社会发展造成的影响是深远的，也是多方面的，但经济损失是最为直接和集中的表现形式。为反映新中国成立以来我国自然灾害的经济成本情况，下文将结合多方的统计资料，先从人口、受灾面积以及直接经济损失和政府救灾支出等方面勾勒出一个初步的轮廓。

3.2.1 因灾死亡人口和受影响人口

自然灾害首先对人们的生命安全构成了极大的威胁，人是最重要也是最直接的受灾主体，而生命是最为宝贵的。尽管我们可能很难在究竟应当赋予人的生命以多大的经济价值上取得一致，但作为经济财富的创造者，生命和健康的损失，必然意味着当前和将来的巨额财富损失。图3-2 是根据若干年份《中国民政统计年鉴》和《中国统计年鉴》数据，绘制出的自 1978 年以来我国因灾死亡人口数和受灾人口规模的演变情况，其中虚线为因灾死亡人口变化的趋势线。

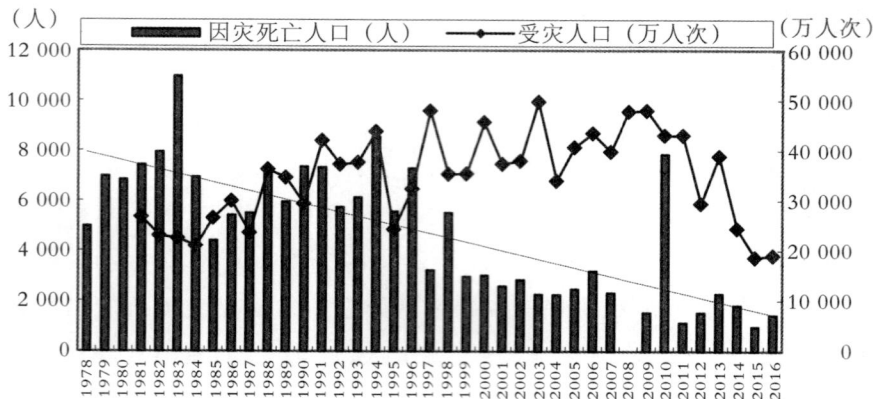

图 3-2 我国因灾死亡人口与受灾人口情况

资料来源：根据民政部《中国民政统计年鉴—2006》和国家统计局《中国统计年鉴—2016》有关数据整理。

第一，因灾死亡人口。1978—2007年我国因灾死亡人口总数为161 064人，年均因灾死亡5 368.8人。分时段看：1978—1987年，我国年均因灾死亡人口6 728.3人；1988—1997年，年均因灾死亡人口6 437.2人；1998—2007年，年均因灾死亡人口2 940.9人。所以，3个10年的平均因灾死亡人口呈现出了下降的趋势，而最近10年的因灾死亡人口数已经远低于最近30年的平均水平。很显然，最近30年以来，我国的因灾死亡人口数呈现出了逐步下降的趋势（其中没有包括2008年，而是视之为异常年份）。这显然是我国在防灾减灾方面取得显著进步的证据之一。

第二，受灾害影响人口。图3-2中的折线给出了1981年以来我国自然灾害受灾人口情况。1981—2008年，我国年均自然灾害受灾人口达3.52亿人。具体地，1981—1990年，年均受灾人口约为2.73亿人；1991—2000年，年均受灾人口约为3.81亿人；2001—2008年，每年则大约有4.13亿人受灾。因此我国最近30年来受灾人口的规模在不断扩大。我们认为，这是符合自然灾害与经济社会发展关系的演变规则的，即自然灾害既有其不可消除的自然属性，又有影响随人类经济活动范围和程度加剧而加剧的社会属性。与此相应，由于自然灾害的影响逐渐扩大，面临灾害时需紧急转移安置的人口规模也在不断扩大。根据民政部统计资料，我国自1993年以来，年均紧急转移安置人口1 040万人次左右，而最近5年则略低于这一平均水平。

3.2.2 农作物受灾面积和成灾率

我国是农业大国，洪涝和干旱等自然灾害的发生不可避免地给农业生产带来巨大损失。通常用来反映农作物受灾情况的指标是受灾面积、成灾面积和成灾率。受灾面积是指因灾减产1成以上的农作物播种面积。如果同一地块的当季农作物多次受灾，只计算其中受灾最重的一次。农作物成灾面积是指在农作物受灾面积中，因灾减产3成以上的农作物播种面积（民政部，2008）。成灾率等于成灾面积与受灾面积的比值。

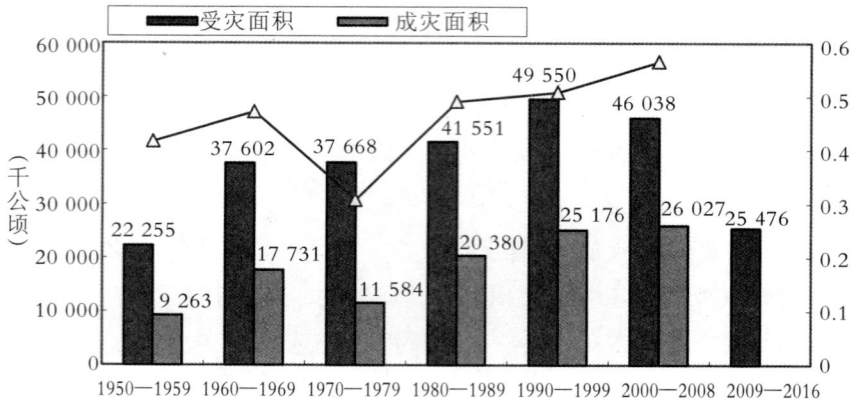

图 3-3 1950 年以来我国农作物受灾情况

资料来源：根据民政部《中国民政统计年鉴—2006》和国家统计局《中国统计年鉴—2016》有关资料整理（注：1967—1969 年没有数据）。

图 3-3 总结了 1950 年以来我国的农作物受灾面积变化情况。显然，在此处有记载的近 60 年里，受灾面积和成灾面积都有所增加。20 世纪 50 年代，农作物受灾面积平均为 2 225.5 万公顷，成灾率平均约为 42%；20 世纪 70 年代则为 3 766.8 万公顷和 31% 左右。在此后的 20 多年里，我国的农作物受灾面积不断上升，并且成灾率平均都达到或超过了 50% 的水平，2000 年以来的 9 年里成灾率则平均达到了 57% 左右。

另一方面，胡鞍钢（1996）曾通过观测 1952—1988 年农作物受灾面积的增长率曲线，指出我国可能存在着平均长度为 3~3.5 年的"灾害周期"。笔者增补了最近 30 年左右的数据，计算了该指标的变化率，发现仍然可以得出类似的结论。如图 3-4 所示，S_t 表示当年农作物受灾面积，S_{t-1} 表示上年农作物受灾面积。这里我们可以较为清晰地观察到，自 1950 年以来，受灾面积变化率大约经历了 18 个较为完整的周期，平均周期长度大约为 3.6 年。

3.2.3 直接经济损失的规模与变化

根据国家民政部所公布的统计标准，"直接经济损失"指的是受灾体遭受自然灾害袭击后，自身价值降低或丧失所造成的损失。"直接经

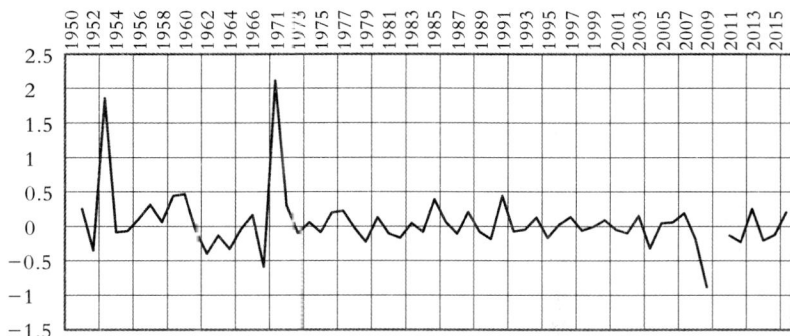

图 3-4　农作物受灾面积变化率 〔（S_t-S_{t-1}）/S_{t-1}〕

　　资料来源：根据历年《中国统计年鉴》数据计算整理（注：1967—1969年没有数据，并删除了2010年这一异常年份）。

济损失"的基本计算方法则是受灾体损毁前的实际价值与损毁率的乘积（民政部，2008）。具体来说，它主要包括农业损失、工矿企业损失、基础设施损失、公益设施损失以及家庭财产损失等。图3-5给出了自1989年以来我国自然灾害所造成的直接经济损失情况，其中虚线表示线性趋势。

　　根据历年来民政部所公布的直接经济损失统计资料，1989—2016年，我国自然灾害导致的直接经济损失总额为77 710.1亿元，年均直接经济损失为2 775亿元。如果因"汶川地震"而将2008年视为异常年份，则自1989年以来我国年均自然灾害直接经济损失为2 443亿元，这也反映出了突发性的自然灾害的影响。另一方面，1989—2008年，我国自然灾害直接经济损失占GDP的比例平均约为2.6%，从该比例的变化率看（如图3-6所示），2008年之前我国自然灾害直接经济损失的变化是逐步趋于平稳的，而2008年的大地震则打破了这种平稳。因此，自然灾害所导致的直接经济损失存在逐步增长的趋势，但我国的经济总量也在逐步增长，而直接经济损失占GDP比例变化范围的缩小，则说明我国抵御自然灾害的能力不断增强。但是，自然灾害可以预防却不可能完全被消除，当特大灾害发生时，其所带来的经济损失与影响仍然可能是巨大的。

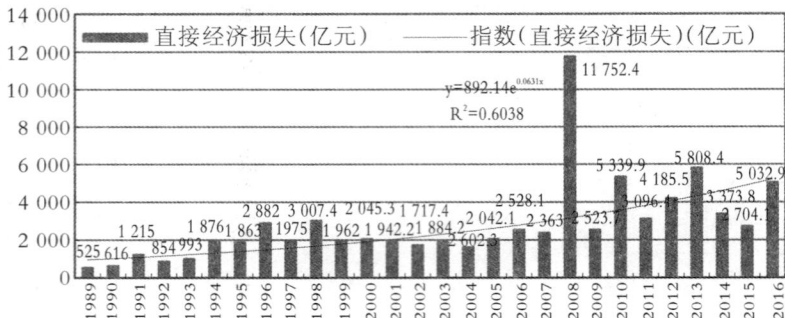

图 3-5　我国自然灾害直接经济损失情况

资料来源：根据《民政事业发展统计报告 1989—2009》《社会服务发展统计公报 2010—2016》有关资料整理。

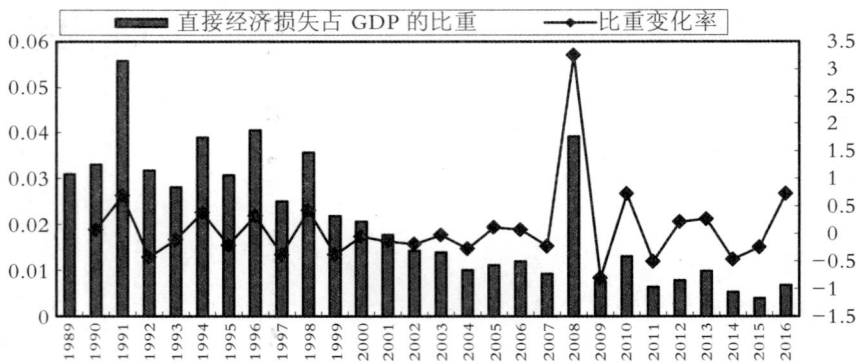

图 3-6　我国自然灾害直接经济损失占 GDP 比例及其变化率

资料来源：根据《民政事业发展统计报告 1989—2009》、《社会服务发展统计公报 2010—2016》和《中国统计年鉴 2010—2016》有关数据计算整理。

　　图 3-7 则是根据国家统计局和水利部的统计数据整理得到的，它反映了进入 21 世纪以来我国遭受洪涝灾害、地质灾害、地震灾害、森林火灾和海洋灾害所造成的直接经济损失情况。在 2000 年以来的 9 年中，我国遭受上述五大类自然灾害的袭击，已经造成大约 1.9 万亿元的直接经济损失，其中 2008 年占 50%左右。从 2000—2007 年的数据看，按照造成直接经济损失的严重程度划分，五大类自然灾害依次为：洪涝灾害（83.7%）、海洋灾害（11.2%）、地质灾害（3.5%）、地震灾害（1.5%）和森林火灾（0.1%）。但若加入 2008 年的数据，则地震灾害损失比例与洪涝灾害相当，分别为 46.1%和 45.3%，海洋灾害占 6.7%，地

质灾害占 1.9%，森林火灾仍占 0.1%。受数据的限制，我们并没有得到以前年份的分灾种数据，因此难以作进一步分析，但洪涝灾害是自然灾害经济损失的最主要来源基本上是得到公认的。

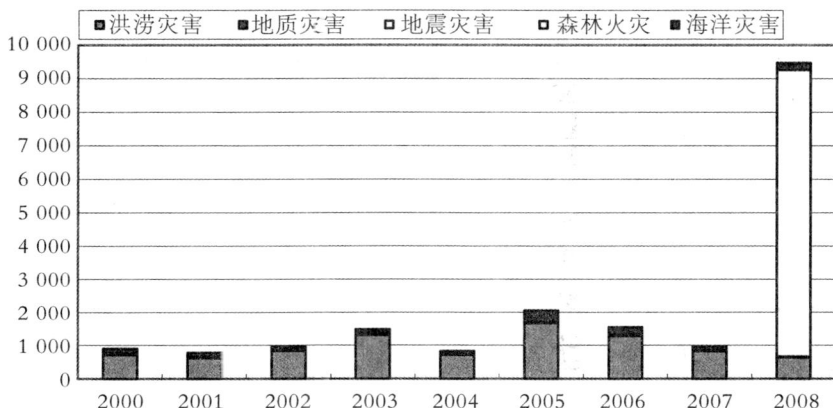

图 3-7　五大类自然灾害直接经济损失情况

资料来源：根据中国防洪抗旱减灾网（http：//www.rcdr.org.cn/）和《中国统计年鉴 2000—2008》有关数据整理。

3.2.4　抗灾救灾支出水平及增速

为救灾而直接发生的支出，例如用于应急救援、灾民安置与生活补助以及废墟清理等方面的费用，也同样反映了自然灾害所带来的经济损失的规模和程度。我们通过图 3-8 给出了最近 30 多年来我国政府所安排的救灾支出规模及演变情况。1978 年以来，我国政府用于救灾方面的财政支出也是逐步增长的。例如，自 1978 年以来，中央政府的救灾支出总额已经累计达到 1 891.91 亿元，年均支出 49.79 亿元。其中：1978—1987 年，我国政府年均救灾支出水平为 8.92 亿元；1988—1997年期间为年均支出 21.1 亿元；1998—2007 年期间年均支出 50.17 亿元；而 2009—2015 年期间的年均支出则达到了 112 亿元。另外，从救灾支出水平的增长情况来看，1978—2015 年救灾支出的平均增长率为8.7%（图 3-11 中虚线为指数化的模拟增长曲线），这就是说政府安排的救灾支出的增速基本与国民经济增长速度持平。

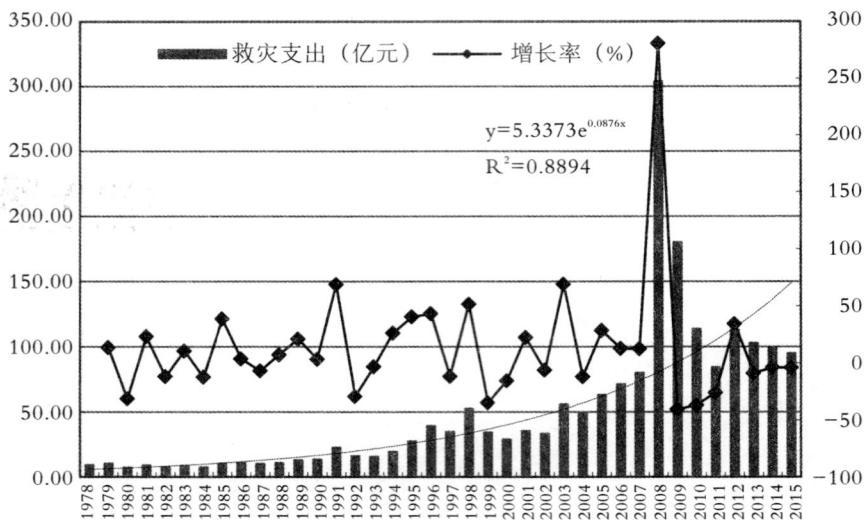

图 3-8　1978 年以来我国政府救灾支出情况

资料来源：根据《民政事业发展统计报告 1989—2009》《社会服务发展统计公报 2010—2016》有关资料整理。

第4章 自然灾害的经济影响

说到底，在干旱或疾病等自然现象面前一筹莫展、一无所知的野蛮人和在技术进步引起的失业和科学化战争等人为灾难面前无能为力的现代人是没有多大差别的。他们两者都面对着不可知的可怕的灾难，而又无法理解它们。

——J. D. Bernal，《科学的社会功能》

一个社会除了考虑它的目标外还有更崇高的任务，那就是满足它对于幸福和和谐的追尊以及如何成功地排除痛苦、紧张、悲哀和到处出现的无知的作祟。

——John Kenneth Galbraith，《丰裕社会》

自然灾害事件的影响通常都是广泛而且深远的，经济影响只是其中的一个重要方面，如果从整个人类社会发展的历史进程来看，它还未必是或至少未必总是最为重要的方面。在生产力发展水平极其低下的原始游牧与农耕社会，自然灾害事件往往被视为完全神秘而不可抗拒的自然力量的显现，人类只有祈求那个想象中的自然力量的万能主宰不要让灾害发生。在这样的状态下，自然灾害具有的往往是一种全面彻底的颠覆性的影响。当进入封建传统农业时代以后，人类通过长期的农业生产劳动实践，积累了一定的抵御和消除自然灾害影响的智慧和经验，比如兴修水利和互助互济。在这一时期，自然灾害的不利影响在一定范围内逐渐得到了缓解和控制。但是，古今中外的历史记录也使得我们不难明白，自然灾害不仅时常直接导致人们暂时乃至长期失去食物和收入来源，生活水平急剧下降，甚或遭遇疾病、贫穷和死亡，而且从整个社会发展的角度来说，始终都可能作为生产停滞乃至社会崩溃的重要诱因。例如在中华民族的历史上，并不缺乏由自然灾害引发的社会动荡而最后导致改朝换代的例子。也就是说，自然灾害事件不仅有着直接的经济效应，同时也具有直接的或间接的政治效应。另外，文化方面也自是不必赘述，与人类文明史同样漫长的灾害史早已在各个民族的传统文化中烙上了印记，比如难以解释的自然灾害现象与唯心的宿命论以及各种宗教祭祀和礼仪活动之间就很难说没有任何联系。

在当下这个生产力水平高度发达的工业化时代，自然灾害的消极影响应当说已经能够在较大程度上为人类所遏制，但正如自然灾害事件无法完全避免一样，自然灾害的影响也不可能完全被消除。由于自然灾害经济影响在自然灾害所导致的影响中占据着一种核心乃至主导性的地位，所以，将部分甚至大部分精力和注意力放在经济影响方面，仍是非常必要的，它也是自然灾害经济研究的核心命题。为此，本章主要考虑的是 20 世纪尤其是最近半个世纪以来的自然灾害的经济影响，或者说自然灾害与经济发展的关系。最后，我们还要进行自然灾害的社会经济因素分析，这是相对自然变异因素而言的，以探究经济影响如何形成。

4.1 自然灾害的宏观经济影响

如果说人类文明史就是一部人类与自然界进行抗争和搏斗的历史，那么自然灾害始终主要作为经济增长与发展的一大障碍性因素存在。自然灾害对经济增长与社会发展的影响，可以分为即期影响和中长期的影响，或者简单划分为直接影响和间接影响。我们这里就先从一个宏观的视角出发来探究自然灾害事件的宏观经济影响，这主要是从长期影响的角度进行分析和研究的。由于相关的理论研究与进展情况，我们已经在本书 2.1 至 2.2 章节进行了较为详细的阐述和总结，在这里我们拟先通过回顾 20 世纪以来的全球自然灾害演变情况，以及若干自然灾害事件作为问题讨论的背景，然后再利用若干国家的自然灾害与经济增长方面的统计资料作一实证分析。

4.1.1　20 世纪的全球自然灾害损失概况[①]

根据联合国国际减灾战略（UNISDR）与灾害传染病学研究中心（CRED）2010 年 1 月 28 日在日内瓦联合发布的自然灾害最新统计数据，全世界在 2000—2009 年间所发生的 3 852 起灾害事件共造成超过 78 万人丧生，各类物质损失高达 9 600 亿美元，其中地震是导致死伤人数最多的第一大灾害威胁。另外，根据国际上影响较大的自然灾害数据库"EM-DAT"和"NatCat[②]"的统计数据，自 1950 年以来，全球各种自然灾害事件呈现出了不断上升的趋势（如图 4-1 所示）。

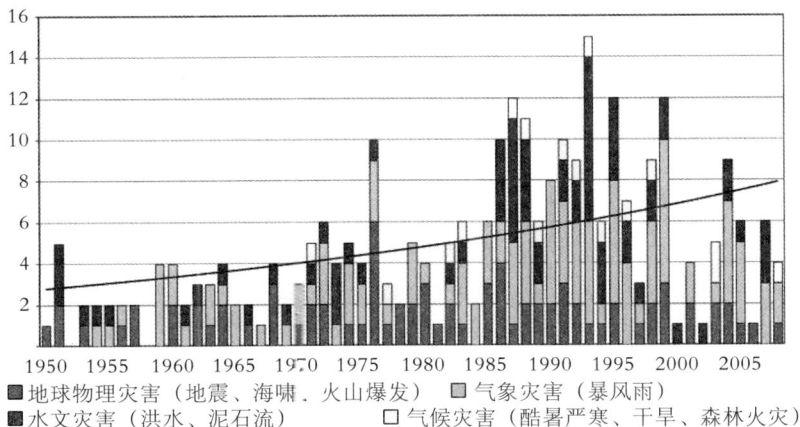

图例：地球物理灾害（地震、海啸、火山爆发）　气象灾害（暴风雨）　水文灾害（洪水、泥石流）　气候灾害（酷暑严寒、干旱、森林火灾）

图 4-1　全球的重大自然灾害情况

① 本节部分内容已以"自然灾害与经济增长关系的实证研究"为题，发表于《价格月刊》2011 年第 1 期。
② "NatCat"是慕尼黑再保险公司（Munich Re）的数据库，目前大约有 15 000 条自然灾害事件的记录，但不包括干旱和人为灾害。该数据库是不对公众开放的，其录入灾害事件的标准也与 EM-DAT 有所不同，一般只要求有财产损失和人员受伤以及死亡。该数据库的信息来源，除了各种政府和非政府组织，媒体报道以及网络在线资源以外，主要与其所在的保险行业有关。

无论是从灾害发生次数、因灾死亡人数，还是从导致经济损失的角度来看，"NatCat"的统计数据表明，气象和水文灾害（主要是暴风雨和洪水灾害）的影响都是占主导地位的。例如在 1959 年以来的重大自然灾害发生次数（285 次）中两者所占比例为 66%，占经济损失总量（19 700 亿美元）的比例为 60%，占因灾死亡人口（200 万人）的比例为 43%。就因灾死亡人数而言，地震、海啸和火山爆发等所占比例最大，为 53%。

另外，我们根据"EM-DAT"的不完全统计进行累计发现，自 1900 年以来的各种自然灾害夺去了 3 200 多万人的生命。其中，洪水灾害死亡人数中国占了 95%，干旱灾害致死人口中国所占比例为 30%，而在整个自然灾害死亡人口中，中国占到了 40%左右。这充分反映出中国是一个受自然灾害，尤其是洪水灾害影响非常严重的国家。从趋势上看，全世界的因灾死亡人口数是逐步趋于降低的（如图 4-2 所示），但受影响人口总量则是逐步增长的（如图 4-3 所示）。就自然灾害的经济损失总量而言，EM-DAT 搜集的 1900 年以来自然灾害的估计总损失数据为 18 000 亿美元，主要是由地震、洪水以及暴风雨所导致的。其中，中国各类自然灾害经济损失约为 3 000 亿美元，约占全球损失的 17%左右。

最近的半个世纪以来，全球的自然灾害所导致的经济损失明显有着逐渐上升的态势，如全球重大自然灾害损失从 20 世纪 50 年代的大约 200 亿美元，上升到了目前 1 500 亿美元左右的水平。图 4-4 给出了以 2008 年美元价值为准的 1950—2008 年的全球重大灾害经济损失情况和发展趋势。如图 4-4 所示，这一上升趋势明显是从 20 世纪 90 年代开始的，20 世纪的最后 10 年也是自然灾害导致更为庞大的经济损失的 10 年。其中 1995 年的重大灾害损失是神户大地震所导致的，而 2005 年是由于卡特里娜飓风所致。

4.1.2　自然灾害对经济增长与发展的影响

我们已经在前文交代过，自然灾害经济损失是自然灾害经济影响最为直接和集中的具体表现形式，但对自然灾害的经济影响分析却不能够

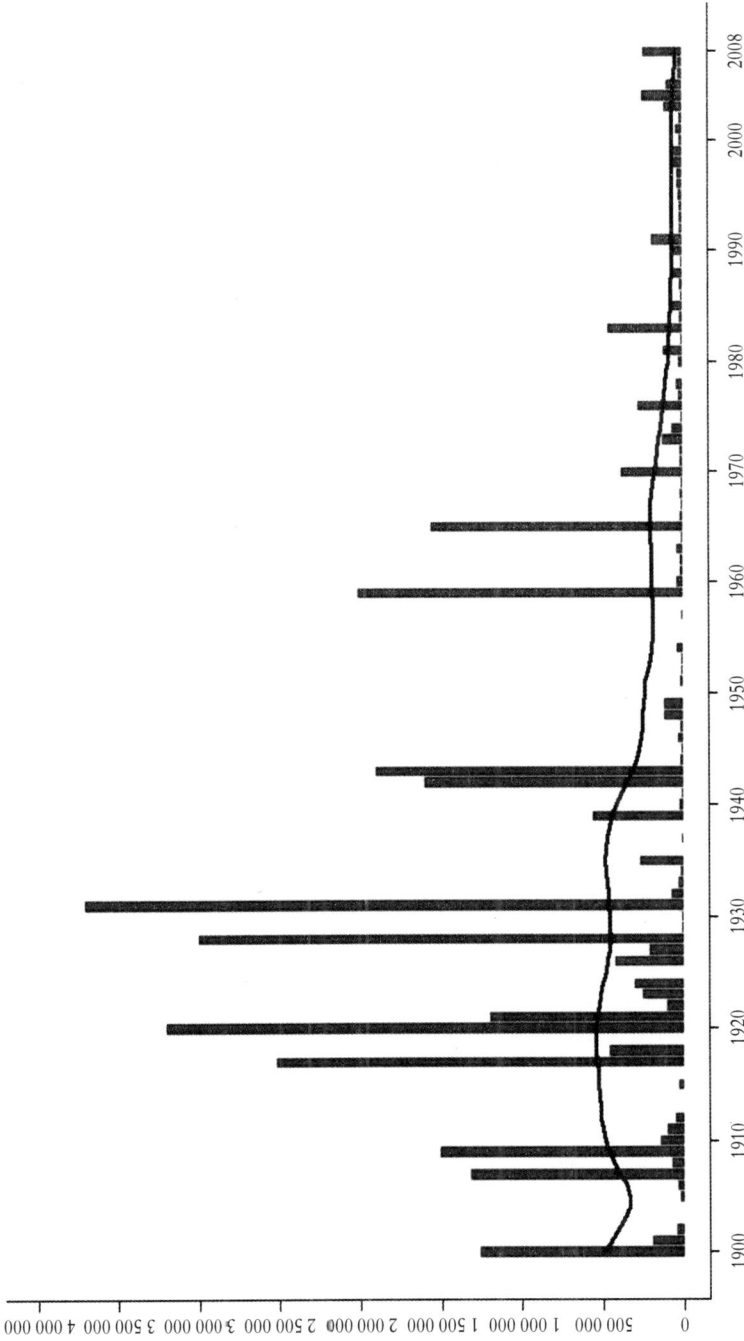

图 4-2　全球自然灾害报道死亡人数（单位：人）

资料来源：EM-DAT. The OFDA/CRED International Disaster Database [EB/OL]. (2009−09−28). http: //emdat.be.

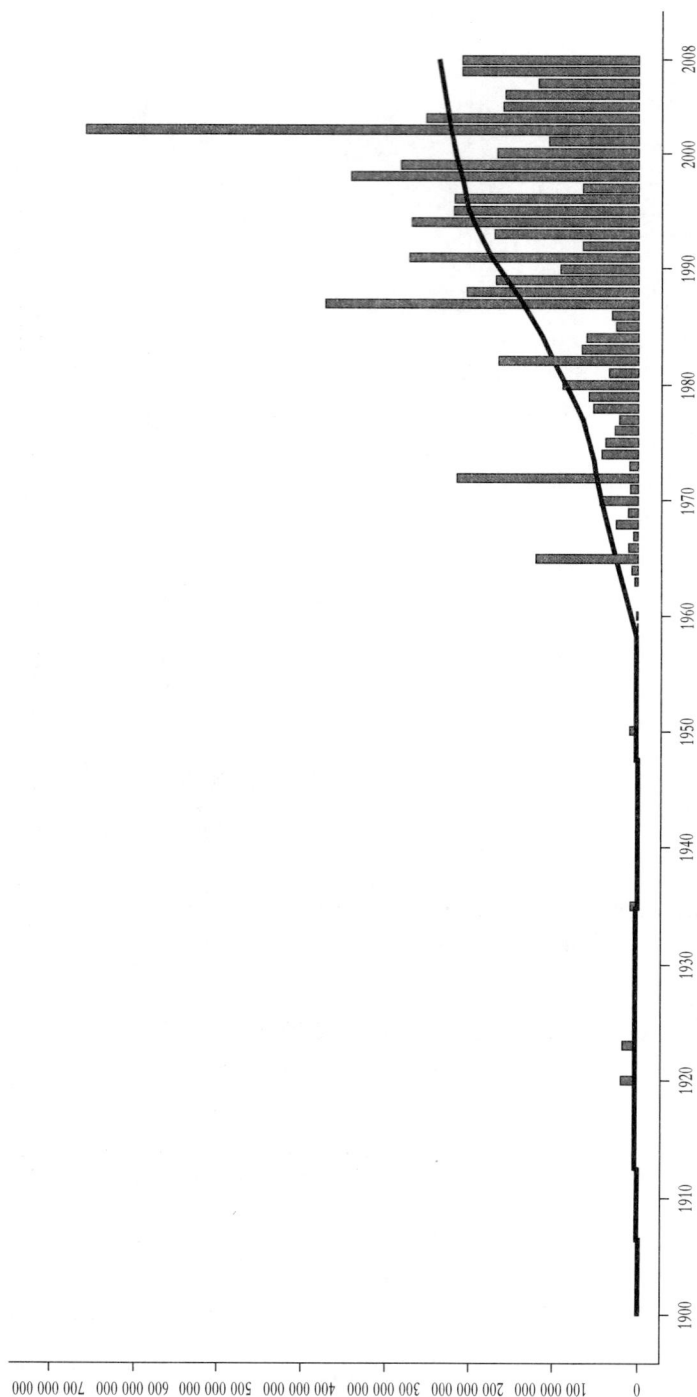

图 4-3　1900—2008 年自然灾害报道受影响人口数（单位：人）

资料来源：EM-DAT. The OFDA/CRED International Disaster Database [EB/OL]. (2009-09-28). http: //emdat.be.

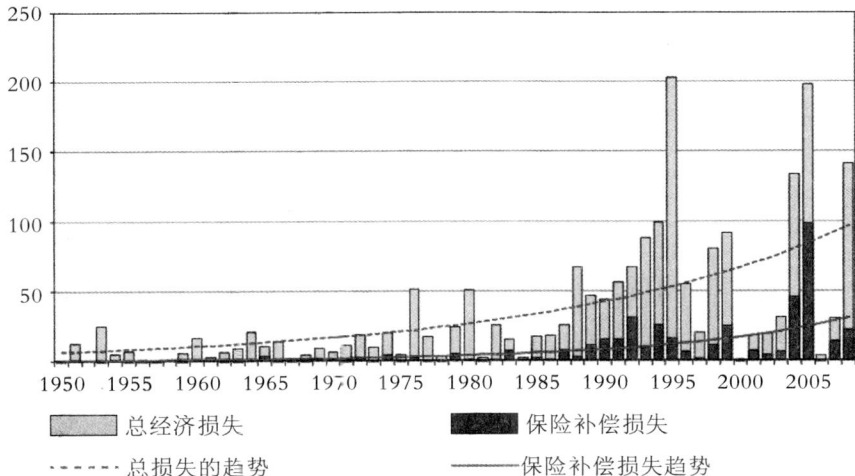

图 4-4　全球重大自然灾害经济损失（单位：10 亿美元）

资料来源：Munich RE. NatCatSERVICEdatabase［EB/OL］.（2009－12－02）. https：//www.munichre.com/en/re nsurance/business/non-life/natcatservice/index.html.

仅仅止于对经济损失的研究，尤其是对直接经济损失的研究。因为所谓的影响正是经由各种损失直接产生或间接导致的。自然灾害的经济影响或经济后果是怎样的，首先取决于我们如何看待并界定影响的性质和范围。所谓的直接影响和间接影响也好，还是短期影响和长期影响也罢，通常都并没有能够就自然灾害事件经济影响的具体性质和范围做出比较明晰的阐述和表达。因为上述两种表达方式都过于笼统，直接影响和间接影响之间，以及短期和长期影响之间的界限往往十分模糊，而且如此划分我们不能够从中获得足够的有关自然灾害事件经济影响的有用信息。故此，我们不打算在本书中就这些通常已经多次讨论的划分方法耗费更多的笔墨，同时由于自然灾害事件所带来的具体的经济影响程度，多数都属于经验问题，因此可以留待实证分析部分去解决一部分问题，剩下的问题则可以留到后文对自然灾害与国民财富损失，即本书的主要理论观点部分再进行深入讨论。这里先对自然灾害对经济增长与发展的影响进行一个简要的理论性概括。

　　我们倾向于从性质和范围两个方面来看待自然灾害事件的宏观经济影响，即这些影响是消极的还是积极的，以及它们具体地表现在哪些地方。理由是这样的：第一，这种考虑更符合自然灾害经济研究的最终目的。因为我们首先关注的必然是自然灾害事件究竟会造成怎样的不利影响，而积极效应，如果有的话，又应当如何加以利用。第二，从性质和范围两个方面来考察自然灾害事件的宏观经济影响，能够提供更多的有助于理解和消除不利影响的相关信息。第三，这种考虑也更为科学和合理，任何直接或间接的、短期和长期的影响，或为积极的，或为消极的，而不会有真正无关紧要的某种影响存在，至多只会存在偶然性和必然性的差别而已。

从影响的性质上看，自然灾害对经济增长与发展的影响可以分为消极性影响和积极性影响。消极性的影响是显而易见的，也通常是最为人们所关注的。自然灾害事件的发生，尤其是洪水、台风、地震以及滑坡和泥石流等突发性的自然灾害，一般都会直接带来人员伤亡和财产损失，包括农作物、工商业生产以及基础设施等各个方面，并且经常伴随着可能性极大的饥荒和流行病，同时还会对灾害发生地人们的心理以及社会秩序，乃至资源环境等方面造成巨大的冲击性影响。关于这些影响常见于对自然灾害的直接经济损失和短期经济影响的讨论和研究之中，表4-1就是对主要类型自然灾害事件的即期经济损失与影响的一个简单概括。这些具体的影响，包括可以较为准确计量以及难以准确计量的影响，投射和作用到灾害发生地所在区域的经济增长与发展上面，自然灾害的消极性影响就主要表现为该地区的产出和就业水平下降，而由于供给和需求两个方面都受到较大程度的影响，价格体系也可能会产生一定程度的扭曲。当损失严重的自然灾害发生时，如果人员伤亡数量较大，财产损失额度较高，基础设施损毁严重，乃至环境严重受到污染，那么不但该地区经济增长的物质基础会遭到极大破坏，还可能会由于劳动力的缺乏（尤其是高素质劳动力），以及资源与环境条件的恶化而彻底丧失恢复和重新发展的机会。

另一方面，自然灾害对经济增长与发展也可能存在积极的影响，尽管这种影响往往不会被注意或刻意提及，但它是可能存在的。自然灾害事件，姑且不去区分何种类型，一定会在某种程度上改变所处区域经济体的发展轨迹，但同时它也可能会提供一些新的发展机遇。首先，最明显的就是自然灾害一方面破坏了基础设施和大量物质财富，但是它同样很可能会由于恢复重建而导致经济活动的一定程度的扩张，国外一些研究的结论正是针对这一点分析而得到的；其次，自然灾害事件在一定范围内可以作为一种"创造性的破坏力"发挥作用，例如陈旧的基础设施和生产设备遭到破坏以后，受灾地区用体现新的技术的资本设备去进行替换，从而实际上完成了一个技术更新和升级的过程，而考虑到技术在经济增长与发展过程中的关键性作用，这种积极效应应当是有可能存在的；最后，在自然灾害事件的发生和演变过程中，还可能存在一些比较具体的但一时难以做出精确判断的影响，这种影响或许就存在积极的一面。例如气候变化的经济影响目前在许多方面还难以判断，另外，自然变异活动往往本身就是一个能量释放的过程，如果科技和经济条件允许，对这一过程加以利用也未必不可能。

表 4-1　　　**主要类型自然灾害的即期经济损失与影响**

影响	灾害类型					
	洪水	大风	海啸	地震	火山	干旱
短期迁移	√				√	√
房屋损失	√	√	√	√	√	
商业损失	√	√	√	√		√
工业损失	√	√	√	√		√
农作物损失	√	√	√		√	√
基础设施	√	√	√	√		
市场体系		√		√	√	
交通	√			√		
通信	√	√	√	√		

资料来源：Pelling M，et al. The Macro-economic Impact of Disasters ［J］. Progress in Development Studies，2002，2（4）：283-305.

从影响的范围上看，自然灾害对宏观经济运行的影响主要体现在对产出、就业、收入，以及贸易等方面的影响，或者可以从对产品市场、劳动力市场和资本市场运行的影响角度来分别加以考虑。无论是对产品市场和劳动力市场，还是对资本市场的影响，最终都集中体现在了受灾经济体的产出水平的变化上面，所以通常仍然是将 GDP 或 GNP 作为一个核心指标来进行分析。至于自然灾害事件影响所具体指向的对象，如行业生产、投资、就业和贸易等，都无外乎是作为经济增长的因素在发挥作用，或者说是为了了解这种影响起作用的过程。从产品市场来说，自然灾害通常会导致对"应急商品"的需求剧增，这主要是一些食品和日用品等生活必需品，而同时如果生产受到影响或干脆被迫中断，则供给冲击与需求扩张两方面叠加在一起必然导致此类商品价格上涨且供不应求。从中长期而言，受灾区域会在一定的时间段内对本区域无法生产的产品表现出较大的需求，这种需求只能随着自身生产能力的逐步恢复或通过加强与其他区域之间的贸易来逐渐得以缓解。劳动力市场的情形是基本类似的，如果自然灾害导致大量人员伤亡，那么在短时间内就会表现出人力资本存量水平急剧下降所导致的严重后果。人力资本是经济增长的最终源泉，高素质劳动力的丧失就意味着经济增长会减速甚至停滞，而主要类型的人力资本投资，如教育和培训，都是一种周期较长的投资，短期内是难以弥补人力资本损失的。资本市场当然也会受到自然灾害事件的影响，但一般并不会有产品市场和劳动力市场所受到的影响那么大。虽然自然灾害发生使得资金需求上升，但自然灾害尤其是影响较大的自然灾害发生的概率同样也很小，因此不利影响往往在比较短的时间内就能够得以消除。

到目前为止，我们就已经给出了本书对于自然灾害宏观经济影响的主要看法，包括全球自然灾害损失与影响的概况，以及我们主张从消极影响和积极影响两个方面来进行分析的理由和基本的观点。但是事实上，我们也还是没有进行更进一步的深入分析，似乎问题也并没有得到更清晰的表述。为什么？原因其实很简单，自然灾害宏观经济影响的产生，哪些具体的对象会受到影响，并且该影响是积极的还是消极的，主要取决于受灾经济体的规模和具体结构，当然引发那些冲击性影响的自然灾害事件本身的持点也是需要予以考虑的（例如表 4-1 所示，不同类型自然灾害的影响范围是有区别的），但社会经济脆弱性或易损性的水平才是主要的。按照联合国国际减灾战略①（ISDR，2001）的定义，这种脆弱性或易损性水平是产生于人的行为或某种固有的状态，如贫困。它反映的是一个社会受自然危害影响威胁的程度，脆弱性的程度取决于人类居住区及其基础设施的状况、公共政策和行政部门从事灾害治理的方式、就危害和应对危害的方式提供信息和教育的水平等等。这也就意味着，自然灾害对经济增长与发展的影响，需要考虑受灾经济体的具体经济发展水平和各种经济增长因素的特征，以及灾害影响区域的大小等等。这些具体因素从两个根本的方面决定了自然灾害时间对经济增长与发展的最终影响：一个是受灾经济体的承灾和抗灾能力；另一个是受灾经济体的恢复能力。

由此出发，我们认为一个非常富有启发意义的思考是，不应将影响分析的起点定位在自然灾害事件发生之时，而应将它定位在既定的经济增长与发展水平方面，就是应该在灾害发生之前。Benson 和 Clay（2004）曾经提出，自然灾害的总成本可能取决于既存的经济状况。1999 年的马尔马拉每地震就可以作为例子，这场地震灾害导致了占土耳其 GDP 1.5% ~ 3% 的损失。然而，就产出损失水平而言，人们认为该损失水平仍是相对较低的一个水平，因为该国在这场灾害发生的前一年正经历着一个 GDP 大幅下跌 7 个百分点的衰退（世界银行，1999）。另外，Hallegatte 和 Ghil（2008）通过运用宏观经济模型对自然灾害影响进行了研究，得到结论认为宏观经济在繁荣阶段比在萧条阶段，对自然灾害有更大的反应。对此的解释是：在繁荣阶段，灾害放大了业已存在的非均衡，而在萧条期由于存在未被利用资源而降低了外部冲击。也就是说，高增长时期也是对供给冲击高度脆弱的。我们用表 4-2 对此作了一个简要的概括。

① 联合国国际减灾战略（UN/ISDR）的全称是"International Strategy for Disaster Reduction"，是联合国下属的一个减灾机构，成立于 2000 年。它由联合国主管人道主义事务的副秘书长直接领导，是一个由 168 个国家、联合国机构、金融机构、民间社会组织、科学学术领域以及普通大众共同参与的全球性机构，其主要目标为减少由于自然至灾因子引发的灾害所造成的伤亡。其秘书处设在日内瓦，在非洲、美洲、亚洲和太平洋地区、欧洲设有几个办公室，在纽约设有一个联络办公室。

表 4-2　　　　自然灾害在经济周期的不同阶段所产生的不同影响

	经济周期阶段		自然灾害的宏观经济影响	
	繁荣	萧条	繁荣	萧条
就业水平	高	低	产生通货膨胀	不会引发通货膨胀
产品库存	少	多	不能补充减少的产出	生产中断可以被存货缓解
投资率	高	低	金融资源缺乏	金融约束程度较轻

资料来源：根据 Hallegattes，Ghil M. Natural Disasters Impacting a Macroeconomic Model with Endogenous Dynamics，Preprint submitted to Elsevier，2008 整理。

由此可见，自然灾害对经济增长与发展的影响程度，在很大程度上取决于分析的范围，它必然是从具体的经济损失起步，但更需要考虑受灾的社会经济体的脆弱性或易损性水平。至于这些影响最终会导致消极的经济后果还是积极的经济后果，需要经验证据的支持。但是结合宏观经济理论和已有的研究，我们也获得了一些至少在目前为止仍然有效的共识：一方面，通常的自然灾害事件会对灾害发生区域造成冲击性的影响，但对整个国家乃至全球经济体的影响力是有限的；另一方面，自然灾害事件的经济影响一般不会持续太久。

例如 Becker（2005）注意到 1918—1919 年的流感并没有对世界经济产生较大的影响；1995 年的神户地震以及随后引起的火灾导致 10 万家企业被毁，30 万人无家可归，6 500 人丧生，损失估计约 140 亿元美元，占当年日本 GDP 的 2.5%。然而，在过后的 15 个月内，制造业就恢复到了地震前的 98%，所有的商场和 78%的小商店在 18 个月内重新开张，并且港口贸易在 1 年内就恢复到将近地震前的水平（Horwich，2000；Landers，2001）；类似地，我国四川省在遭受"5.12"大地震重创的情形之下，2008 年的经济总量仍增长了 9.5%，而 2009 年的经济增长率则达到 14.5%，高于全国 5.8 个百分点。并且，其中有 39 个重灾县的生产总值增长 16.2%，比全省高出 1.7 个百分点，地方财政一般预算收入增长 37.5%，比全省高 15.6 个百分点（四川省统计局，2010）。

4.1.3 自然灾害与经济增长的实证研究

在这一部分，为了搜寻和积累更多的经验证据，我们将主要依据国际上影响较大的两个自然灾害数据库，以及联合国和世界银行1970—2008 年的统计数据，以洪水灾害损失为例，对自然灾害所导致的经济损失与经济发展水平之间的关系进行初步研究。需要说明的是，我们不是将自然灾害经济损失作为经济增长的解释变量，因为经济增长的因素是多方面的，而且当我们以国家或地区为单位来考虑经济增长情况时，自然灾害经济损失很难作为一个有效的解释变量，如果添加其他的主要经济增长的解释变量，反而会让问题变得复杂而模糊了。因此，我们考虑将经济总量作为自然灾害经济损失的解释变量，因为社会经济易损性水平的一个主要方面就是经济发展水平，而经济总量是经济发展水平的一个主要指标。了解经济发展水平的变化是否会对自然灾害经济损失总量的变动产生影响，以及有着什么程度的影响，这无疑能够为我们理解自然灾害与经济发展之间的关系提供重要的信息。

4.1.3.1 经验模型与面板数据来源

依据前文的分析和本节研究目的，我们建立了如下的线性面板模型：

$$\log Loss_{it} = \alpha_{it} + \beta_1 \log GDP_{it} + \varepsilon_{it} \quad i = 1, 2, \cdots, N, t = 1, 2, \cdots, T$$

在上式中，参数 α_{it} 为模型的常数项，i 表示截面成员，t 表示观测时期，变量 Loss 表示自然灾害经济损失，GDP 为截面成员在各个观测时期实际的国内生产总值。随机误差项 ε_{it} 相互独立，且满足零均值、等方差为 σ_ε^2 的假设。为了解决量纲问题和便于研究的目的，模型中的变量都采用自然对数的形式，这样使得系数参数的意义也变得更为明确，即自然灾害经济损失对国内生产总值的弹性估计值。

基于数据可得性和经济发展水平等因素的考虑，我们所选取的截面成员是 14 个国家：澳大利亚（AUS）、玻利维亚（BOL）、巴西（BRA）、加拿大（CAN）、智利（CHILE）、中国（CHN）、德国

（GER）、日本（JAP）、美国（US）、韩国（KOR）、印度（INDIA）、印度尼西亚（IND）、孟加拉国（BAN）和俄罗斯（RUS），时期跨度为 1970—2008 年。

自然灾害经济损失变量的数据均来源于灾害流行病研究中心（CRED）维护的国际灾害数据库"EM-DAT"。一个自然灾害事件进入 EM-DAT 数据库的标准是满足下列条件之一：（1）10 人或以上遇难；（2）100 人或以上受到影响；（3）宣布紧急状态；（4）请求国际援助。为了保证统计口径的前后一致，同时也考虑到不同灾害种类的致灾因素和影响区别很大，我们放弃了加总的数据，而是采用了以美元为单位的洪水灾害经济损失数据。就洪水灾害在自然灾害中的地位而言，我们认为这种处理是非常恰当的。还需要说明的是，与有研究认为的经济损失数据不可靠不同，我们认为相比之下，其他指标很难直接体现自然灾害经济损失（只能间接反映），货币化的经济损失数据还是研究自然灾害经济损失及其影响问题的首选指标。

另外，模型中使用的解释变量 GDP 数据来源于联合国在线数据库"UNdata"，均是经过调整的以 1990 年美元价值为基准的国内生产总值数据。

4.1.3.2 模型设定与估计结果

为检验模型具体形式设定，即无个体影响的不变系数模型、变截距模型和变系数模型，首先需要检验如下两个假设：

原假设 1：所有解释变量系数均相同；

原假设 2：所有截距项和解释变量系数均相同；

备择假设：所有截距项和解释变量系数均不同。

在原假设 2 下检验统计量 F_2 服从相应自由度下的 F 分布，即：

$$F_2 = \frac{(S_3 - S_1) / [(N-1)(k+1)]}{S_1 / (NT - N(k+1))} \sim F[(N-1)(k+1), N(T-k-1)]$$

上式中 S_1、S_3 分别为变系数模型和无个体影响的不变系数模型形式下的残差平方和（sum squared resid），N 为截面成员数，k 为解释变量个数，T 为观测时期总数。在本书中 N=14，k=1，T=39，计算得 S_1=659.3087，S_3=1 100.868，所以：

$F_2 = 13.34 > F_{0.35}(26,518) = 1.74$ ，因此拒绝原假设 2，需要进一步检验。

在原假设 1 下检验统计量 F_1 也服从相应自由度下的 F 分布，即：

$$F_1 = \frac{(S_2 - S_1)/[(N-1)k]}{S_1/(NT-N(k+1))} \sim F[(N-1)k, N(T-k-1)]$$

经计算得到变截距模型形式下的残差平方和 $S_2 = 714.5523$，所以：

$F_1 = 3.34 > F_{0.05}(13,518) = 1.52$ ，因此同样拒绝原假设 1，本书所讨论的面板模型形式应设定为变系数模型。同时由于研究仅集中于各个国家的自然灾害经济损失，因而采用固定影响的变系数模型进行分析。模型形式为：

$$\log Loss_{it} = \alpha_i + \beta_i \log GDP_{it} + \varepsilon_{it} \quad i=1,2,\cdots,14, t=1,2,\cdots,39$$

由于数据中 14 个国家分属于不同地区，经济与社会发展各方面差异十分明显，因此模型中允许存在横截面异方差和同期相关，故而我们采用 GLS 法（cross-section SUR）对模型进行估计，由于截距项不显著，所以不包含截距项。估计结果见表 4-3：

表 4-3　　　　　　　　　系数 β_i 估计结果

变量	β_i 估计值	t-统计量	变量	β_i 估计值	t-统计量
_AUS--LOG（GDP_AUS）	0.933	4.786	_JAP--LOG（GDP_JAP）	0.872	4.911
_BOL--LOG（GDP_BOL）	1.152	4.675	_US--LOG（GDP_US）	0.862	5.001
_BRA--LOG（GDP_BRA）	0.901	4.663	_KOR--LOG（GDP_KOR）	0.920	4.642
_CAN--LOG（GDP_CAN）	0.898	4.739	_INDIA--LOG（GDP_INDIA）	1.007	5.176
_CHILE--LOG（GDP_CHILE）	1.003	4.587	_IND--LOG（GDP_IND）	0.909	4.447
_CHN--LOG（GDP_CHN）	1.074	5.721	_RUS--LOG（GDP_RUS）	0.931	4.849
_GER--LOG（GDP_GER）	0.921	5.112	_BAN--LOG（GDP_BAN）	1.126	5.078

4.1.3.3　模型估计结果分析与讨论

由表 4-3 所示的参数估计结果可知，所有的系数估计值都是在 1% 的显著性水平下统计显著的，系数为 0 的原假设可以很容易地加以拒绝。从经济意义上看，弹性估计值可以提供一些有关自然灾害经济损失与经济增长之间关系的信息：

首先，我们验证了自然灾害经济损失与经济增长同方向变动的观点，事实是在全球范围内的自然灾害经济损失都呈现出逐步增长的趋势，而我们的估计结果也显示所有国家的弹性估计值都为正。

其次，各个国家之间的差异十分明显，弹性估计值最低的是美国，其次是日本和德国，估计值均小于 1，这表明 GDP 每增长 1 个百分点，自然灾害经济损失的增长率就低于 1 个百分点；另一方面，弹性估计值最高的是玻利维亚，余下国家依次为孟加拉国、中国、智利和印度，弹性估计值均大于 1，这表明 GDP 每增长 1 个百分点，自然灾害经济损失的增长超过 1 个百分点。长期来看，这会使得自然灾害经济损失占 GDP 的比例呈现上升趋势。

最后，不同经济发展水平国家的不同弹性估计值表明，有着更高经济发展水平的发达国家抵御自然灾害的能力较强，而发展中国家的抗风险能力较弱。

另外，我们也试图加入其他更多的解释变量和控制变量，例如加入土地面积和人口等，但估计结果显示它们与自然灾害经济损失之间不相关，不能够解释自然灾害经济损失的变化。这让我们回过头来对已有的相关研究结果开始重新审视，并启发我们进一步思考自然灾害损失与人类经济活动之间的真正关系。我们又设想加入其他的反映经济结构和资源环境的变量，但受到了数据可得性的约束，因为大量的各国数据首先难以获得，其次还存在着统计口径不一致的问题。

4.2　自然灾害的微观经济影响

微观层次的分析，主要是一种视角的转换，集中在灾害对企业、个人和家庭，以及单个市场运行或商品价格等的影响方面。社会是由单个的人所组成的，家庭是社会的细胞和基本单元，而整个市场也是由一个个单个市场所构成的。因此，微观经济分析其实是宏观经济影响分析的基础，整个宏观经济影响也都是经由微观主体所受到的影响而形成的。目前我国实际执行的自然灾害经济损失的统计标准，主要就是对具体的微观经济主体所遭受的自然灾害直接经济损失的统计，具体见表4-4。然而，值得注意的是，微观经济分析不仅应当去剖析和展示微观经济主体所受到的具体影响，还应当分析和研究他们是如何进行应对和决策的，而且单个微观经济主体所受影响的简单加总往往也并不等于总体影响，正如单个市场的需求加总不等于总需求一样。

表4-4　　　　**我国民政部门对自然灾害直接经济损失的统计**

灾害类别	直接经济损失
干旱 洪涝 风雹 台风 低温冷冻和雪灾 高温热浪 地震 滑坡和泥石流 病虫害 其他	农业损失：因灾造成的种植业、林业、畜牧业、渔业的直接经济损失 工矿企业损失：因灾造成的采矿、制造、建筑、商业等企业的直接经济损失 基础设施损失：因灾造成的交通、电力、水利、通信、市政等公共设施的直接经济损失 公益设施损失：因灾造成的教育、卫生、科研、文化、体育、社会保障和社会福利等公益设施的直接经济损失 家庭财产损失：因灾造成的居民住房及其室内附属设备、室内财产、农机具、运输工具、牲畜等的直接经济损失

资料来源：根据民政部《自然灾害情况统计制度》民函〔2008〕119号有关资料整理。

4.2.1　对家庭和个人的影响

自然灾害事件对家庭和个人的影响，仍然主要是通过人员伤亡和财产损失直接体现出来的，而真正的影响在于遭受自然灾害袭击的家庭和个人的人力资本损失，另外由于必须在灾后的环境中对此做出反应，从而可能要承担额外的经济成本和福利损失。我们可以沿着自然灾害事件的进展，来简单地分析家庭和个人所受到的影响。

当灾害未发生之时，家庭如果能够事先有比较充分的应急准备，则往往可以较大程度地避免伤亡和财物方面的损失，尤其是当突发性的自然灾害发生之时，这种准备非常重要。由于自然灾害通常是不可预知的，即便是居住于灾害易发地区的居民也很容易渐渐趋于麻痹，而经济不发达地区的居民家庭更是容易受经济和科技以及公共服务资源贫乏的限制而鲜有事先的准备。即便是在经济发达国家和地区情况也未见得情况有多乐观，如新西兰于 2010 年 3 月曾作过一项调查，结果显示许多新西兰家庭都没有应对自然灾害的方案。报告显示，尽管大部分家庭都有足够吃 3 天以上的食品，但只有 50%的家庭储有足够用 3 天的水，另外仅有 25%的家庭有紧急情况的应对方案。这些措施被认为是应对灾难最基本的准备，从整体上看，全国只有 15%的家庭做足了以上三项准备。在有小孩子的家庭里，几乎 90%都没有做到以上应急预备。租房居住的人也较少预备应对紧急灾害的物资。

当自然灾害发生之时，如果家庭遭受重创，例如房屋被毁无家可归，甚至家庭成员遇难或受伤，那么首先需要解决的问题就是治疗以及获得食品和暂时的居住地。如果是规模较大且损失程度比较严重的自然灾害，受灾区域在从灾害发生之时到外界援助到达之时的时间段内，通常都会处于恐惧和慌乱之中，诸如水、食品和医疗等商品和服务很快就变得极为稀缺。当受灾区域的基础设施损毁严重，交通和通信几乎中断时，受灾家庭往往会暂时甚至在较长的时间内处于孤立无援的境地，这时候生存成为家庭的首要目标。在这样的状态下，虽然家庭的收入中断，日常的生活秩序被彻底打乱，但家庭作为基本的决策单位以及效用最大化的目标并没有改变。由于必需品匮乏，受灾家庭必须调整消费决策，包括节制或被节制饮水进食，从而家庭成员的健康状况会受到极大的影响。实际上，从灾害发生之前到灾害发生之时，再到灾害发生之后，家庭成员的受教育水平、技能以及健康等，都是受灾家庭最大的财富，即人力资本。受教育程度较高的家庭通常在预防灾害和在灾害中逃生等方面有着更多的知识，健康和技能也通常能帮助受自然灾害袭击的家庭在灾难中生存下来。因此，人力资本损失的重要性远大于物质财产损失。

自然灾害之于家庭的消极影响，主要是通过自助和他助两种最基本的形式和途径加以化解的。自然灾害发生之后，受灾家庭一般首先通过自我救助的方式解决迫切需要解决的问题，例如抢救家庭成员、寻找食品和水源，进行短暂或永久性的迁移，以及和外界取得必要的联络，掌握周边的灾情信息等等。短暂的恐惧和慌乱之后，受灾地区的居民通常会自发组织起来进行互助，这同样是有效的应对自然灾害消极影响的手段。无论国内国外，受灾的家庭和个人通常会首先取得亲戚和邻居的各种帮助，包括提供食品和住处，以及精神安慰等等。通过这样的互助，自然灾害的经济成本在一定程度上被分担了。等到外界援助抵达灾害发生区域时，政府和社会提供的各种物质帮助和服务，一般都能够更为有效解决受灾家庭当时面临的生存困境。例如2008年我国四川汶川地震发生之后，政府第一时间做出反应，组织人员赶赴灾区进行救灾，并迅速调集大量应急所需的各种物资。社会各界和广大群众也自发组织了抢险救灾的志愿者队伍。如果没有外界帮助，受灾地区的家庭通常更容易遭受进一步的损失和影响。

当灾害过后，受灾家庭需要考虑恢复正常的生产和生活秩序，如果家庭成员在灾害中并未遭受严重的身体和精神上的伤害，则受灾家庭就基本具备了消除影响和恢复重建的能力。人自身的因素始终都是第一位的，无论是受到灾害影响的时候，还是消除这些影响的时候。例如，1995年的神户大地震虽然造成了重大经济损失，但99.8%的在地震影响区域的人口幸存了下来，人力资本得以较好的保存，是受灾地区经济能够较快恢复的一个重要原因。另一方面，如果考虑人力资本存量的价值损失，神户地震导致了6 500人丧生，这一部分人力资本的价值大约在130亿美元（Horwich，2000）。反观在我国发生的导致了8万多人遇难和失踪的汶川大地震，以及致使24万多人死亡的唐山大地震，仅考虑这一部分人口所蕴含的人力资本的价值损失就是天文数字。另外，在灾后恢复过程中，由于要解决居住和重新就业以及购置必要的生产和生活资料，受灾家庭所受到的自然灾害的间接经济影响开始显现出来。例如受灾家庭需要适应新的生活和工作环境，家庭的成员也可能需要重新接受职业培训以另谋新的就业机会，而且从巨大的灾难所导致的心理创伤中恢复过来同样也需要时间和努力，这部分的心理成本很难说不会投射到生产和生活中而衍生出一定程度的经济影响。

因此，自然灾害给家庭和个人所带来的经济影响，主要是消极性的，一部分是灾害发生时直接导致的人员伤亡和财物损失，一部分是在灾后恢复过程中为恢复生产和生活而支付的经济成本。尽管在现代社会中，政府和社会也能够提供援助，分担一部分经济成本，但主要的承担者仍然是受灾的家庭和个人。当然，正如我们分析宏观经济影响时必须考虑具体的社会经济因素一样，家庭和个人所拥有的财富和各种资源以及所处的社会经济地位，同样是自然灾害的影响因素。不同收入和财富水平的家庭遭受的自然灾害损失通常都是不同的，而在应对灾害和灾后恢复的过程中，由于所拥有的资源丰裕程度不同，抵御和恢复的能力也肯定是不同的。例如比较富裕的家庭可能遭受更大的绝对损失，但由于财富总量较大，所以损失所占的比例也就小，从而所受到的自然灾害的影响其实是相对较小的。相反的，贫困家庭可能遭受的是较小规模的绝对损失，但总的福利损失会更大。对此，英国的 Tearfund 组织直接指出：每一场灾害都会扩大穷人和富人之间的差距。

4.2.2　对企业的影响

企业作为市场经济条件下各种经济活动的最基本的组织单元，同样是非常重要的微观经济主体。企业的基本要素有三个，即雇主、雇员和使二者能够有机结合的组织。当然，企业是独立的经营单位，作为一个整体，它以独立的生产者的身份经由市场与其他微观经济主体产生联系。自然灾害事件对企业产生的影响，主要体现在灾害对企业的生产与经营管理活动所形成的干扰，包括原料供应、生产和销售等一系列环节和过程。当然，不同规模和不同行业，以及不同经营管理水平的企业，在同样的自然灾害事件中所受到的影响必然也是不同的。

自然灾害事件的发生可能使得位于受灾区域内的企业遭受直接的损失，例如人员、厂房、设备、工具、原材料和半成品以及存货等等。如果是在生产能力充分利用且企业完全开工的状态下，那么灾害事件必然会立即导致企业的生产能力受损，产量下降，即便是处于开工不足的状态，由灾害导致的损失也是对企业潜在生产能力的一种遏制。假如自然灾害的发生直接导致企业不再具备生产条件，如人员伤亡、厂房倒塌或资本设备毁损以及交通中断等等，那么由停产导致的损失通常都被计入间接损失之中了。因此，企业所遭受的自然灾害经济损失，一般经由各项生产要素形成，包括劳动力、资本，以及土地和原材料等等。如果在企业内部的生产过程中，各项生产要素实现的是最佳组合，那么无论哪一种要素受到灾害的影响都会破坏这种组合，企业的产出和绩效表现就会受到影响。

另外，如果自然灾害事件的发生使得外部的交通和通信中断，使得原材料无法输入、产品不能输出，甚至根本无法掌握企业生产经营所必需的外界信息，那么无疑也会影响并制约企业的生产与经营活动。假如企业的生产与经营活动并未受到灾害的较大影响，仍然可以正常运行，那么自然灾害事件也可能会经由市场而产生影响，而企业是不可能离开市场的，它是面向市场的。因为之前已经提到，家庭和个人作为企业产品的主要需求方，由于灾害事件的影响而改变了消费决策，从而也就必然要对企业的生产与销售决策产生重大影响。例如，位于灾害发生区域但未受较大影响的生产日用品和食品的企业，通常会为了满足剧增的对于企业产品的需求而迅速动用库存并加紧扩大生产，但此时的生产和运输等成本很可能都会增加。

根据最基本的供需原理，需求的扩张和供给的减少都有可能使得产品的价格趋于上升。在单纯的不考虑外界干预的情境下，这或许会成为事实，特别是对生活必需品而言。但是，通常这种情形都不会成为现实，这是因为政府和社会很快会做出响应，并向受灾地区提供这些产品，即便一时难以满足全部的需求，企业的社会责任以及居民相互之间的互助也都有助于缓解这一问题，因而通常很难见到必需品价格飙升的局面。例如 Kunreuther（1967）对于地震灾害发生地的公寓住宅的租金进行了研究，结果发现并未如通常情况下那样由于需求的高涨而大涨。再如 2008 年 5 月 12 日汶川大地震之后，据新华社全国农副产品和农资价格行情系统监测，地震灾区的物价是基本平稳的，四川、陕西以及重庆等地的蔬菜、粮油和肉类的价格均未出现波动。

然而，在灾后恢复重建的过程中，各类企业的生产与经营决策还是会受到影响，甚至必须做出重大的调整。除了受灾程度的区别以外，所处行业和企业自身规模的差异同样十分重要。一般地，那些能够提供恢复重建所需的产品的企业可以扩大生产和销售，比如食品加工制造、医药、建筑材料、设备制造以及纺织等行业的企业，而一些与灾后恢复重建过程的联系并不紧密的企业，其生产与销售则可能会萎缩。例如，自然灾害事件的发生通常抑制该地区的如旅游业等第三产业的发展，包括印度尼西亚海啸和汶川大地震都可以作为这方面的例子。地震灾区几乎覆盖了四川绝大部分的旅游资源，而旅游业是四川省第三产业的支柱性产业。不过，2004 年 12 月的印尼海啸对旅游业的不利影响并没有持续太长时间，经历印度洋海啸的巴厘岛旅游业在 2005 年 3 月左右就开始复苏了。

至此，我们已经基本考察了自然灾害事件在微观层次上可能导致的经济损失与影响，实际上目前国内已有的研究所讨论的灾害经济损失主要都是从微观视角进行分析的，宏观层次的计量分析还比较少。原国家三部委自然灾害综合研究组对自然灾害经济损失构成的一个总结，基本上可以概括目前学术界已有的大多数的观点，具体如图 4-5 所示。但是，这样的划分仍是存在问题的，即我们在前文指出的，它仍然没有提供足够多的信息。所以，我们在以上的微观影响分析的过程中，并没有再按照此类模式进行分析，而是回过头来考察损失和影响何以产生，以及可能有着何种性质的影响。

```
                    ┌─────────────────────────────────────┐
                    │  房屋以及交通、通信、电力、水利      │
                    │  等工程设施破坏的经济损失            │
                    ├─────────────────────────────────────┤
          ┌──────┐  │  畜禽、养殖品死亡以及农产品、农      │
          │ 直  │  │  作物、林果、花卉破坏的经济损失      │
          │ 接  │  ├─────────────────────────────────────┤
          │ 经  │  │  机器、设备、车辆、飞机、船舰、      │
          │ 济  │  │  仪器、仪表以及工业材料破坏的经      │
          │ 损  │  │  济损伯                              │
          │ 失  │  ├─────────────────────────────────────┤
          └──────┘  │  办公用品、生活用品以及商储物资      │
 ┌────┐             │  等破坏的经济损失                    │
 │自  │             └─────────────────────────────────────┘
 │然  │                                                      ┌──────┐  ┌──────────┐
 │灾  │                                                      │衍   │  │由灾害直接│
 │害  │                                                      │生   │  │经济损失和│
 │经  │                                                      │灾   │  │间接经济损│
 │济  │                                                      │害   │  │失引起或诱│
 │损  │  ┌──────┐  ┌─────────────────────────────────────┐  │损   │  │发的其他经│
 │失  │  │ 间  │  │  企业停工、停产的经济损失            │  │失   │  │济损失    │
 └────┘  │ 接  │  ├─────────────────────────────────────┤  └──────┘  └──────────┘
         │ 经  │  │  交通受阻的经济损失                  │
         │ 济  │  ├─────────────────────────────────────┤
         │ 损  │  │  农业、牧渔业生产受到破坏的经        │
         │ 失  │  │  济损失                              │
         └──────┘  ├─────────────────────────────────────┤
                   │  抗灾、救灾费用                      │
                   └─────────────────────────────────────┘
```

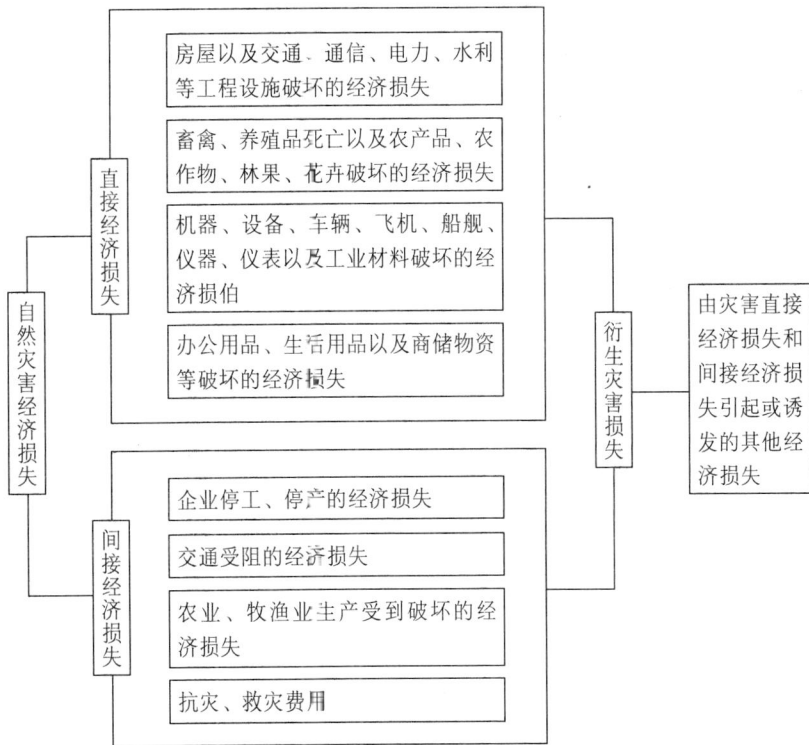

图 4-5　自然灾害经济损失构成[①]

4.3　自然灾害影响的社会经济因素分析

在自然灾害经济损失与影响的形成与演变过程中，社会经济因素与自然异变因素至少需要同等关注。正如我们前文分析时不时就会提到的，无论是自然灾害经济影响的宏观分析还是微观分析，人们都承认经济损失与影响的产生是与受灾体的易损性水平分不开的。那么，仅仅列举出直接损失和间接损失只是问题的表象而已，要进一步探讨自然灾害经济影响的形成和原因，除了对蕴灾环境和致灾因子等进行研究，还必须进行社会经济因素方面的专门分析，尤其是定量分析和实证研究。目前国内在这一方面的研究还非常少，且多为定性研究，因此本章最后一

---

　　① 原国家科委、国家计委、国家经贸委自然灾害综合研究组. 中国自然灾害综合研究的进展 ［M］. 北京：气象出版社，2009：204.

部分就准备利用我国的部分统计资料进行实证分析。

我们想要了解的问题是这样的：自然灾害经济损失与标志着社会经济发展水平的一系列因素之间，是否有内在的联系？哪些社会经济因素可以，或是部分地，解释自然灾害经济损失的演变？这一系列的社会经济因素对自然灾害经济损失的影响程度究竟如何？

4.3.1　数据、模型与方法

我国有关自然灾害的各种记录虽然很多，但口径一致的有关灾害损失的统计资料却比较有限。我们在这里使用的均为 1978—2015 年的相关数据，用来表示自然灾害损失的变量：因灾死亡人口（Death）、受灾人口（People）和直接经济损失（Loss）。按照国家民政部的自然灾害统计标准，直接经济损失是指受灾体遭受自然灾害袭击后，自身价值降低或丧失所造成的损失，其基本计算方法是受灾体损毁前的实际价值与损毁率的乘积，具体主要包括农业损失、工矿企业损失、基础设施损失、公益设施损失以及家庭财产损失等（民政部，2008）。相关的统计数据均来源于民政部门统计资料，如《中国民政统计年鉴》《民政事业发展统计报告》等等。另一方面，我们采用了实际 GDP 来表示经济增长水平，而采用人口增长率（Population）来表示人口增长因素，并用救灾支出（Relief）来代表政府灾害投入，用学龄儿童入学率（School）来体现受教育水平因素。最后，我们使用各类卫生机构数（Hospital）来体现基本的医疗卫生服务条件改善状况，数据均是根据《中国统计年鉴》整理得到。这样的选择，主要是兼顾需要与可能两个方面来进行的。

为了解决量纲问题以及便于研究，我们对各个变量采用了自然对数的形式。并且，考虑到时间序列建模需要了解平稳性，我们首先对各个序列进行了单位根检验。经过 ADF 检验，我们发现各个自然灾害损失序列的对数序列均是 1 阶单整的，即 log（Death）、log（People）和 log（Loss）是 1 阶单整序列；而 log（Population）、log（Relief）、log（School）和 log（Hospital）也均为 1 阶单整序列。为考察社会经济变量与自然灾害损失之间的关系，我们建立了如下形式的回归模型：

$$\log Death_i = \alpha_0 + \alpha_1 \log GDP_i + \alpha_2 \log (GDP)_i^2 + \alpha_3 \log Population_i + \alpha_4 \log Relief_i + \\ \alpha_5 \log School_i + \alpha_6 \log Hospital + \varepsilon_i \quad (i = 1978, \cdots, 2015) \quad (1)$$

$$\log People_i = \beta_0 + \beta_1 \log GDP_i + \beta_2 \log (GDP)_i^2 + \beta_3 \log Population_i + \beta_4 \log Relief_i + \\ \beta_5 \log School_i + \beta_6 \log Hospital + \delta_i \quad (i = 1978, \cdots, 2015) \quad (2)$$

$$\log Loss_i = \gamma_0 + \gamma_1 \log GDP_i + \gamma_2 \log (GDP)_i^2 + \gamma_3 \log Population_i + \gamma_4 \log Relief_i + \\ \gamma_5 \log School_i + \gamma_6 \log Hospital + \omega_i \quad (i = 1978, \cdots, 2015) \quad (3)$$

变量 $Death_i$ 表示我国第 i 年的自然灾害死亡人数，$People_i$ 表示第 i 年受灾人口，Loss 表示第 i 年自然灾害的直接经济损失，GDP_i 表示第 i 年的实际国内生产总值，$Population_i$ 表示第 i 年的人口增长率，$Relief_i$ 表示第 i 年的救灾支出，$School_i$ 为第 i 年的学龄儿童入学率，$Hospital_i$ 则为第 i 年我国的各类卫生机构数，ε_i、δ_i、ω_i 为扰动项。我们在模型中加入 GDP 的平方项是仿照 Raschky（2008）的做法，测试发展水平与灾害损失之间的关系是否是非线性的。

4.3.2　模型估计结果与讨论

我们在 EViews 5.0 软件中进行 OLS 回归，以上 3 式为基本形式，通过逐步调整解释变量个数，得到了多个回归结果用以比较和分析。表 4-5、表 4-6、表 4-7 给出了上述回归模型的参数估计结果，我们对每一次回归得到的残差都进行了 ADF 检验，结果显示所有残差序列均为白噪声序列，并且不存在序列相关，模型均通过检验。

从因灾死亡人口作为因变量来对各项社会经济变量进行回归所得到的结果看，当我们单独使用实际 GDP 及其平方项来作为解释变量时，我们得到了两者间为非线性关系的结果。根据该估计结果，因灾死亡人口会随着实际 GDP 的增长而先上升后下降，即符合"倒 U"轨迹。但当随后我们逐步地添加其他的解释变量时，我们发现实际 GDP 的平方项系数不再是显著的。然后，我们发现因灾死亡人口与人口增长率正相关，而与入学率和卫生机构数均为负相关，救灾支出项系数不显著。这就意味着，模型估计结果总体上与理论预期是相符的，即人口规模的扩张与自然灾害导致死亡人数的上升相对应，而国民的受教育水平的提高和卫生机构数的增加则与因灾死亡人数的下降相联系，并且人口增长作为不利因素以及受教育状况作为积极因素，两者所起到的作用都是比较明显的。

表 4-5　　　　　　　　　　　　　**模型（1）参数估计结果**

因变量	log（Death）					
常数项	—	−72.801* (42.733)	−36.473** (21.9821)	−55.977 (48.697)	—	—
log（GDP）	2.263*** (0.146)	−1.381*** (0.275)	−1.552*** (0.173)	−1.056*** (0.292)	−1.334** (0.425)	12.681** (5.450)
log（GDP）²	−0.143*** (0.015)	—	—	—	—	−0.696** (0.291)
log（Population）	—	8.955** (5.772)	6.309** (4.442)	5.325** (3.762)	6.418** (3.772)	2.751* (2.653)
log（Relief）	—	—	0.089 (0.078)	0.0924 (0.309)	0.083 (0.319)	0.125 (0.309)
log（School）	—	—	—	−8.171 (6.169)	−4.559* (3.017)	−4.568 (8.239)
log（Hospital）	—	—	—	—	−0.335** (0.234)	−0.605** (0.346)
调整后R²	0.63	0.66	0.67	0.68	0.71	0.77
D. W.	2.24	2.29	2.19	2.23	1.95	2.20

注：***、**、*分别表示在 1%、5%、10%的显著性水平下显著。

表 4-6　　　　　　　　　　　　　**模型（2）参数估计结果**

因变量	log（People）					
常数项	−13.121** (6.683)	—	—	−5.330* (3.253)	−12.464 (27.527)	—
log（GDP）	4.938*** (1.419)	5.174*** (1.584)	6.949*** (1.698)	7.765*** (2.099)	−0.094 (0.209)	9.417*** (3.336)
log（GDP）²	−0.247*** (0.075)	−0.256*** (0.079)	—	−0.419*** (0.108)	—	−0.504*** (0.179)
log（Population）	—	1.323*** (0.572)	0.816*** (0.132)	0.962 (3.573)	0.518 (2.028)	0.585 (2.407)
log（Relief）	—	—	−0.045 (0.166)	−0.325 (0.266)	0.241 (0.187)	0.309* (0.167)
log（School）	—	—	—	−1.024 (1.026)	−4.585 (3.650)	−9.255 (7.478)
log（Hospital）	—	—	—	—	−0.325** (0.133)	−0.107 (0.194)
调整后R²	0.42	0.44	0.49	0.51	0.48	0.53
D. W.	1.47	1.45	1.85	1.94	2.15	1.91

注：***、**、*分别表示在 1%、5%、10%的显著性水平下显著。

表 4-7 　　　　　　　　　　　　模型（3）参数估计结果

因变量	log（Loss）					
常数项	−16.716*** (7.038)	52.827*** (7.296)	13.688** (7.347)	—	38.072 (39.400)	—
log（GDP）	3.832*** (1.504)	3.721*** (1.063)	5.908*** (2.744)	5.554** (3.681)	1.937*** (0.718)	10.813** (5.725)
log（GDP）²	−0.139*** (0.079)	−0.455*** (0.163)	−0.191*** (0.096)	−0.196** (0.088)	—	−0.472** (0.197)
log（Population）	—	−15.126*** (6.529)	−12.491*** (4.668)	−11.594*** (3.846)	−12.502** (4.789)	−11.225*** (6.2036)
log（Relief）	—	—	0.286*** (0.020)	0.208* (0.107)	0.145** (0.108)	0.173** (0.076)
log（School）	—	—	—	23.332** (10.099)	21.049 (22.835)	16.193** (11.658)
log（Hospital）	—	—	—	—	−0.109 (0.161)	0.290 (0.243)
调整后 R²	0.71	0.76	0.85	0.86	0.85	0.87
D.W.	2.28	2.43	2.10	2.11	2.14	2.24

注：***、**、*分别表示在 1%、5%、10% 的显著性水平下显著。

从受灾人口作为因变量进行回归所得的结果来看，我们测试的经济增长水平与灾害损失之间的非线性关系依然成立，结果类似模型（1），但解释程度并没有模型（1）高。随后我们发现，人口增长率的上升依然是与受灾人口增加相对应的。同时，我们虽然也得到了与理论预期相符的其他参数的估计结果，救灾支出、入学率、卫生机构数均与受灾人口负相关，但各个参数均不显著。事实上，这可能不难理解，因为受灾人口的规模往往不是，至少大部分不是，由社会经济因素决定的，而是主要取决于自然异变的因素。

从直接经济损失对实际 GDP 以及人口增长率等社会经济因素的回

归结果看，直接经济损失的变化大部分都能够由社会经济因素来解释，几乎我们得到的所有参数估计值均是高度显著的。经济增长水平与直接经济损失之间的非线性关系自始至终都是成立的。而在线性假设条件下，实际 GDP 与直接经济损失的负相关关系也是十分显著的，而且弹性值较高，为−1.66。但是，所得到的人口增长率与直接经济损失负相关，以及入学率与直接经济损失正相关的结果有些难以理解，而救灾支出与直接经济损失正相关、卫生机构数则与直接经济损失无关的结果则是比较容易解释的。我们认为，也许是由于作为直接的物质损失，直接经济损失是与经济活动的规模和水平直接相关的，而人口增长率的下降以及受教育水平的提高都是经济发展水平提高的结果。这可能意味着，还需要其他的能够合理表征经济与社会发展水平的解释变量。

4.3.3　主要结论

综上所述，我们可以得出如下结论：

第一，我国自然灾害损失的变化与发展，在相当程度上可以由一系列社会经济因素来加以解释。我们的实证研究结果实际上表明了自然灾害损失与一系列社会经济因素之间存在着长期的协整关系，并且它也为如下的论点提供了经验证据：总体来说，经济总量的扩大、受教育水平的提高、政府灾害投入的增加以及医疗卫生条件的改善等，都可以增强我国抵御自然灾害和减少灾害损失的能力，而人口规模的扩张则是防灾减灾能力建设的不利因素，因为它会增加社会经济的易损性。

第二，就本书实证分析的结果而言，自然灾害损失的演变与社会经济发展之间的非线性关系是成立的。并且，如果不考虑这样的非线性关系，实证分析所得到的部分估计结果则表明了我国实际 GDP 的增长是与自然灾害损失之间呈负相关的。因此我们认为，不能够将自然灾害损失规模的扩大趋势，简单归结为是社会经济活动规模扩张和经济增长的结果。另根据表 4-8 可知：实际 GDP 的增长对减少灾害损失尤其是直接经济损失，有着显著的作用，实际 GDP 提高 1 个百分点，直接经济损失大约对应降低 1.66 个百分点，这基本与 Toya 和 Skidmore（2005）研究得到的 OECD 国家的水平相当；而人口增长是与因灾死亡人口和受灾人口增长相对应的，政府救济、入学率也是与人员损失负相关的，但估计结果并不可靠。然而各类卫生机构数的增长则是与因灾死亡人口减少相对应的，弹性估计值约为-1。

表4-8　　我国自然灾害损失对若干社会经济因素的弹性估计值

	因灾死亡人口	受灾害影响人口	直接经济损失
	最低水平～最高水平	最低水平～最高水平	最低水平～最高水平
实际GDP	−1.00～−1.55	4.94～9.42	1.94～10.81
人口增长率	2.75～8.95	0.82～1.32	−11.22～−15.13
救灾支出	0.08～0.13	−0.05～−0.33	0.17～0.29
入学率	−4.56～−8.17	−1.02～−9.26	16.19～23.33
卫生机构数	−0.34～−0.61	−0.11～−0.33	−0.11～0.29

注：根据表4-5、表4-6、表4-7的结果整理后得到。

第三，通过实证研究，我们也得到了部分因素与自然灾害损失无关或者难以理解的结果，如人口增长率与直接经济损失负相关、入学率与直接经济损失正相关等等。我们认为，部分原因可能在于相关数据的缺乏使得我们所使用的解释变量自身存在较大局限性，如由于无法获取充分的数据而不能进行更长时间段的分析和地区之间的对比分析，也没能尝试运用更多的不同指标和方法来对各种社会经济因素进行分析，这些只能作为下一步努力的方向。由此也表明了对我国自然灾害损失与社会经济因素之间的关系，尚有待于进一步深入研究。而至于人为因素与自然灾害究竟如何相互作用的问题，则肯定不是在社会科学领域之内就能够被解决的。这在某种程度上恰恰应了米塞斯（Mises）的一个说法："观察和经验总是仅仅向我们提供了复杂的现象，在这种现象中各种因素看来如此密切相关，以至于我们无法决定每种因素起了什么作用。[①]"

① 米塞斯. 经济学的认识论问题［M］. 梁小民，译. 北京：经济科学出版社，2001：9.

第5章　自然灾害的国民财富损失

生财有大道。生之者众，食之者寡，为之者疾，用之者舒，则财恒足矣。

——曾参，《大学》

无论怎样详细地定义，实现可持续发展在本质上是一个创造并保持财富的过程。在这样的背景下，财富有着广泛的意义，包括产品资产、自然资源、健全的生态系统和人力资源。

——世界银行环境局，《扩展衡量财富的手段》，1998

到目前为止，我们已经根据相关的统计资料，讨论了国际国内的自然灾害损失概况，并对我国的自然灾害经济损失趋势进行了分析与预测，然后分别从宏观和微观的角度探讨了自然灾害的经济影响。一旦我们了解了自然灾害的灾情概况和发展态势，掌握了自然灾害经济损失的构成，并理解了由经济损失而产生的所有消极和积极的影响，那么预防和控制自然灾害损失，降低自然灾害的经济影响，都将主要集中于科技对策和实践领域。其中，自然灾害经济损失是最为关键的要素，由于我们掌握了损失的范围和构成，我们得以知道应该避免或减少哪些损失；由于我们掌握了损失的性质和内涵，我们才得以明白应当如何控制并消除由之产生的各种影响。

然而，我们真的已经了解和掌握了自然灾害所导致的经济损失的范围和构成，并对其性质和内涵有了深刻的理解吗？如果没有的话，那么我们可能就并没有真正理解自然灾害的真实影响，我们根据对损失的理解而做出的防灾减灾决策，也很可能会存在方向上的偏差。正如两军对垒，如果我们觉得大炮和战车的损失比人员的损失更重要，因为战车和大炮需要花费金钱去制造，而人员则只需要颁布一则征兵令就可以补充了，那么我们绝对不可能取得战争的最后胜利！这样考虑问题的方式在战场上无疑是荒谬的，然而类似的情形却有可能出现在我们对自然灾害损失的理解上，即我们所关注的损失的范围过于狭隘，而对一些损失所可能导致的影响也没有去深究。这种对自然灾害损失理解上的缺陷，其后果可能远比战场上的失利来得更为可怕！由于灾害损失是防灾减灾对策的根本性依据，对其理解不充分就可能成为导致各种对策失误的源头。要杜绝这种局面的出现和发展，仅仅靠损失统计范围的扩大和进一步细化并不能够彻底解决问题，而需要从根本上对我们的思维方式进行反省。简言之，我们的主张就是，应当以国民财富损失这一更为开阔的视野来考察自然灾害影响。

5.1　国民财富的衡量

既然我们想要从国民财富这一更为宏观的视角来分析和探讨自然灾害损失，那么我们先必须要知道，什么是"国民财富"？这首先要问的是，究竟什么才是"财富"？财富毫无疑问应当是经济学最基础、最核心的概念，甚至是整个经济学学科的逻辑起点。例如亚当·斯密（Adam Smith）认为，"政治经济学的目标是使人民和君主都富裕起来[①]"。马歇尔（Alfred Marshall）则认为，"经济学既是一门研究财富的

　　[①]　斯密. 国富论［M］. 唐日松，译. 北京：华夏出版社，2005：309.

学问，又是一门研究人的学问①"。然而，关于财富的概念向来都存在着不同的看法和观点，不同的人也都必然有着属于自己的财富观念。所幸的是，在较为普遍、宽泛的意义上，大多数人都不会不同意，财富在大多数情况下都是值得追求和拥有的，因为财富是收入和福利的源泉。

5.1.1 国民财富的传统界定

关于财富问题的争论有着十分悠久的历史源头，归纳起来，共有两种相冲突的财富概念②。一种就是有形财产的概念；另一种则认为有形商品带来的欢乐或"效用"才是财富的本质，它较之商品本身更为重要。这也就是说，关于财富的内涵，一方强调"客观"，而另一方则强调"主观"。我们对于将直接可以加以利用的有形的物质财产作为财富的观念，是不会觉得有多么陌生的，而且实际上这种观念甚至也比经济学规范研究更为古老，影响也十分深远。例如早在古希腊时期，苏格拉底的门徒色诺芬（Xenophon）就注意到了使用价值对于财富的重要意义，并表示，财富应当是对人"有利"的东西，并且还要看"人会不会使用它③"。

在古典经济时代之前，重商主义学派认为，金银和各种财宝就是财富，一国的财富等同于它拥有的金银块的数量，甚至认为贵金属是唯一值得追求的财富形式。不管后来人们对这一主张的批评是否完全确切和中肯，其实正如马克·布劳格（Mark Blaug）所指出的那样，"因为在那时的文献中缺乏一种技术性的词汇，所以，几乎不可能在理论上区分对货币与财富的识别和一个增加总要引起另一个增加的宽泛联想间的差别④。"威廉·配第（William Petty）则在其《赋税论》提出了那个至今仍广为传颂的著名论断："劳动为财富之父，土地为财富之母。"配第指出，"所有物品都是由两种自然单位——即土地和劳动——来评定价值，换句话说，我们应该说一艘船或一件上衣值若

---

① 马歇尔. 经济学原理 [M]. 廉运杰，译. 北京：华夏出版社，2005：3.
② 约翰，伊特韦尔，等. 新帕尔格雷夫经济学大辞典：第四卷 [M]. 北京：经济科学出版社，1996：951.
③ 色诺芬. 经济论：雅典的收入 [M]. 张伯健，陆大年，译. 北京：商务印书馆，1981：3.
④ 布劳格. 经济理论的回顾 [M]. 姚开建，译. 北京：中国人民大学出版社，2009：3.

干面积的土地和若干数量的劳动。理由是，船和上衣都是土地和投在土地上的人类劳动所创造的①。"与重商主义者认为财富主要得自商业和对外贸易不同，其后的重农主义者，如魁奈（Francois Quesnay）和杜尔阁（Turgot）则认为，只有农业才是生产性的，因为农业生产了超过资源耗费的价值的净产品。这也就是说，在重农主义者看来，农业才是财富的真正来源。

无论是重商主义还是重农主义的有关财富来源的观点，都在当时即遭到了质疑。例如古典学派的先驱之一，生活于重商主义的巅峰时期的达德利·诺思爵士（Sir Dudley North）就对财富应该由一国的贵金属存量来衡量的观点进行了强烈的批判。诺思指出："没有人会因为他的财产全部用货币、金银等形式保管而变得更加富有，相反，他会因为这一原因而变得更加贫困②。"及至古典经济学时代，亚当·斯密（Adam Smith）则将财富的源泉概括为一个标准，即"劳动"。在《国富论》的开篇，亚当·斯密就指出："每个国家的国民每年的劳动是供给这个国家每年消费的全国生活必需品和便利品的源泉，构成这些生活必需品和便利品的或是本国国民劳动的直接产物，或是用这些产物从其他国家购买过来的产品③。"稍后，亚当·斯密针对坎蒂隆（Richard Cantillon）的观点④进一步指出："一旦分工完全确定以后，一个人自己的劳动只能供应他所享受的上述物品中的很小一部分，其余绝大部分他必须从其他的人劳动中获得。这样，他是富有还是贫穷，必然根据他所能支配或购买得起的他人劳动的数量而定的⑤。"

19世纪70年代以后出现的边际主义革命是经济学说史上的第二次革命⑥，边际主义者，如威廉·斯坦利·杰文斯（William Stanley Jevons）、卡尔·门格尔（Carl Menger）和里昂·瓦尔拉斯（Leon Walras），提出商品的价值并非取决于劳动的消耗量，而是取决于人们

---

　　① 配第. 赋税论. 献给英明人士. 货币略论 [M]. 陈冬野，等，译. 北京：商务印书馆，1963：42.
　　② 布鲁. 格兰特. 经济思想史 [M]. 邸晓燕，等，译. 7版. 北京：北京大学出版社，2008：41.
　　③ 斯密. 国富论 [M]. 唐日松，等，译. 北京：华夏出版社，2005：1.
　　④ 斯密所引用的坎蒂隆的观点是："一个人是富有还是贫穷，是根据他所能享受得起的人类生活中的必需品、便利品和娱乐品的品质和层次而定的。"
　　⑤ 斯密. 国富论 [M]. 唐日松，等，译. 北京：华夏出版社，2005：24.
　　⑥ 胡代光. 西方经济学说的演变及其影响 [M]. 北京：北京大学出版社，1998：4.

的主观评价。这也就是与古典经济学所主张的劳动价值论相对立的效用价值论。例如根据门格尔的观点，物品具有满足欲望的性质，当人们对此性质有所认识并能支配此物时，该物品成为财货。当需要量大于人们所能支配的量时，这种财货成为"经济财货"。门格尔认为，财货价值依财货对人的福利的重要性而转移，价值不过是经济人对财货在维持其生命与福利的重要性上所下的一种判断。因此，财货的本质是主观的，价值的尺度也是主观的，财货的价值对于一个人来说，等于各种欲望满足中重要性最小的欲望满足对于这个人所具有的意义①。若按照这样的观点，财富概念的范围显然可以得到极大扩展。

事实上，关于财富或价值的源泉，种种意见相左的观点和评论一直都没有停歇，并且最终这个问题也并没有真正得到圆满解决。或许亚当·斯密早已指出了有关财富或价值概念的混乱源头，这就是后人所称的"水与钻石之谜"。"没有什么东西比水更有用，但不能用它购买任何东西，也不会拿任何东西去和它交换；反之，钻石没有什么用途，但常常能用它购买到大量的其他物品②。"边际效用学派用主观价值论代替客观价值论来解决这个问题，但效用又常会遭到强调心理因素而难以测量和进行人际间比较的批评，甚或依据此类主张还能够得出为严重的分配不公以及困窘做出合理辩护的尴尬结论③。另一方面，劳动作为一项具体的活动，人们也日益难以接受将它作为衡量财富的尺度。马克思虽然指出了这一点，但抽象的"社会必要劳动"依然难以十分准确地加以衡量。

随着经济学走过古典时代，迈入 20 世纪的时候，经济理论随着经济现实一道逐渐发生了一些重要的转变。就我们在这里所讨论的财富源泉问题而言，至少有这样两个方面不能不重视：一是财富的形成逐渐不再受到过多关注，研究的中心逐渐向分配领域倾斜；二是经济学研究的视野在不断地"缩小"，后来的新古典综合的主流地位使得"均衡观"、

---

① 尹伯成. 西方经济学说史：从市场经济视角的考察 [M]. 上海：复旦大学出版社，2005：95.
② 斯密. 国富论 [M]. 唐日松，等，译. 北京：华夏出版社，2005：23.
③ 这一点不难理解，因为依据效用价值论，富人即便有更多的财产，也未必能够得到比穷人更多的效用。但是，这样的考虑可能会忽略社会公平，用 Amartya Sen 的话来说就是让人学会"眼睛向下"。

"抽象化"和"科学化"居于主导地位，历史、现实、制度以及心理等因素经常不在主流经济学的视野范围之内①。经济学的古典传统对于财富源泉问题，所留给我们的大约只是有关生产要素的比较零散的叙述，即土地、劳动和资本。另一方面，约翰·贝茨·克拉克（John Bates Clark）将边际概念运用到收入分配领域，提出了一套以分配为核心的边际生产力理论。克拉克这样说道："对于财富的全部研究其实毫无意义，除非有一种衡量财富的单位，因为要解决这个问题的是定量。一个国家的财富究竟有多少②？"并且，得到广泛认同的罗宾斯（Lionel Robbins）对经济学的定义③，更是使得许多以前经济学家认为属于经济学研究范畴之内的东西，都不再居于经济学研究对象之列了。罗宾斯主张，"为了在这个充斥着太多可以避免的分歧的世界上我们能取得一些一致意见，值得慎重地将可以解决分歧的研究领域与不可解决分歧的研究领域区分开来④。"他明确地指出了"财富从本质上说是一种相对的概念"，"在严格的经济学表述中应避免使用财富这个词⑤"。如此一来，我们想要了解的问题就基本上被搁置或规避了，至少是不再有许多人去直接面对它了。

或者，就算我们将范围缩小至生产要素之一的资本，有关它究竟在生产过程中起怎样的作用，以及应当如何加以度量等等的争论，依然是古已有之并且层出不穷。例如，从亚当·斯密对"资产的性质、积累和使用"的论述，到新古典经济理论对资本的阐释，以及奥地利学派的观点。囿于本书的目的和篇幅限制，我们在这里只简单回顾一下希克斯（Hicks）对有关资本的许多观点的分类，以及奥地利学派的主要看法。希克斯把经济思想史上一些有关资本的观点分为两大类，一类是将资本存量视为物质产品的存量，可称为"物质主义者"；另一类将总资本存

① 李宏. "计算"何以代替"思考"[N]. 经济学消息报，2009-07-24.
② 约翰，伊特韦尔. 等. 新帕尔格雷夫经济学大辞典：第四卷 [M]. 北京：经济科学出版社，1996：952.
③ 罗宾斯认为："经济学研究的是用稀缺手段达到既定目的所引发的行为。因此，经济学对于各种目的而言完全是中立的；只要达到某一目的需要借助于稀缺手段，这种行为便是经济学家关注的对象。经济学并不讨论目的本身。"
④ 莱昂内尔，罗宾斯. 经济科学的性质和意义 [M]. 朱泱，译. 北京：商务印书馆，2007：122.
⑤ 莱昂内尔，罗宾斯. 经济科学的性质和意义 [M]. 朱泱，译. 北京：商务印书馆，2007：43.

量视为"价值之和",可简称为一笔资金,完全不同于物质产品本身,其价值则来自预期的未来收入流,可称为"资金主义者"。实际上,作为一笔资金的资本概念在资本理论的历史中是众所周知的,它是由克拉克(J. B. Clark)提出的,而庞巴维克和哈耶克则是鲜明的反对者。在奥地利学派看来,传统资金主义和物质主义关注的是完全没有意义的问题。因为,一件资本品是一件被赋予了生产目的的物品。如果一个人希望讨论特定时刻一个经济中的资本品总量,他决不能忽视个人赋予各种各样的资本品的功能①。这应当可以视为奥地利学派所秉承的方法论个人主义的极为恰当的又一个运用,而那种强烈的"目的"导向性往往正是现代经济学研究中所缺乏的。

至此,尽管似乎所有给财富下定义的尝试最后都导致了某种困境,甚或悖论,但我们也并非就一无所得。反之,我们恰好从这种混乱中真切地感受到了财富概念自身的丰富内涵。同时,虽然并没有统一的界定,但并不妨碍人们局部地达成一致,经济学也从未放弃过对各种财富进行计量的尝试。

5.1.2 国民核算与国民财富

我们到底拥有多少财富?这个问题无论是国家还是个人,都毫无例外地十分关心。然而,财富作为一个存量概念,要对其进行量上的加总基本上是不可能的,或者说是难以全面和准确的。于个人而言自己所追求和珍视的都可以为财富,对国家来说则凡可以维系经济与社会可持续发展的各种物质财产和精神财产皆可以视为财富。这其实无疑要求有进一步的解释,例如怎样为"珍视",什么叫"可持续"?好在财富终归是由生产与投资等活动得到的,或者由外界如自然所赋予而不必经由生产得到,但也需要付诸努力予以保持,如土地等自然资源。我们即便不能计算所有的财富存量,至少能够统计其中一部分,而即便无法全面衡量财富,至少可以度量收入。事实上,威廉·配第在其《政治算术》中通过列举各种统计数字,在论证英国、法国和荷兰三国的经济力量的过程

---

① 埃德温. 多兰. 现代奥地利学派经济学的基础 [M]. 王文玉,译. 杭州:浙江大学出版社,2008:124-125.

中，就提出了国民收入核算的思想。因此配第被马克思誉为"政治经济学之父，在某种程度上也可以说是统计学的创始人[①]"。再例如重农学派奠基人和领袖魁奈，就试图估计年产出及其他总量指标，魁奈的《经济表》，无疑是国民收入分析的思想源泉，以及"投入-产出"分析的先驱，它也为分析一个经济体的统计工作奠定了基础[②]。

对于一个国家而言，生产、流通、分配和使用是社会再生产活动的核心部分，另外再加上生产条件（各项生产要素）和生产结果，就基本构成了国民经济运行过程的各项要素。要了解并掌握这一运行过程的总体状况和主要特征，就需要进行国民经济核算，可简称为国民核算。国民核算最早是由荷兰经济学家范·克里夫于 1941 年明确提出的，而正如我们刚刚提到的配第和魁奈，事实上早在从 17 世纪开始直到第一次世界大战结束，就有个别经济学家和统计学家自发从事的民间国民收入统计，一战之后国际组织和各国官方才逐步介入国民收入统计领域[③]。直到 1953 年，联合国统计委员会公布了《国民经济核算表及补充体系》（旧 SNA），从而标志着"国民经济核算体系（The System of National Accounts，SNA）"的正式诞生。后来，经过 1968 年（新 SNA）及其后不断的修订，才终于形成 1993 年的 SNA。简言之，在国民收入统计基础上产生和建立起来的现代国民经济核算，就是要对经济活动（流量）以及其结果（存量）进行系统的测定，从而能够系统描述一国国民经济的运行状况和全貌。

众所周知，以国内生产总值（GDP）为主要指标国民经济核算体系（SNA）无疑算得上是整个 20 世纪西方经济学的重大发明之一。萨缪尔森（Paul Samuelson）和诺德豪斯（William D. Nordhaus）就曾经这样表示："尽管 GNP 并没有得到专利权，也没有在科技博物馆中展览，但它的确是 20 世纪最伟大的发明之一。离开了 GNP 这样的经济总量指标，宏观经济学就会在杂乱无章的数据海洋中漂泊。[④]"

① 马克思，恩格斯. 马克思恩格斯全集：第 23 卷 [M]. 中央编译局，译. 北京：人民出版社，1972：302.
② 布鲁，格兰特. 经济思想史 [M]. 邸晓燕，等，译. 7 版. 北京：北京大学出版社，2008：32.
③ 邱东. 国民经济核算史论 []. 统计研究，1997（4）：65-72.
④ 萨缪尔森，诺德豪斯. 经济学 [M]. 胡代光，译. 14 版. 北京：北京经济学院出版社，1996：766.

GDP 或 GNP 作为最核心和关键的总量指标，无疑历来都是衡量一个国家经济发展程度的重要标准。然而，尽管通过 GDP 或 GNP 这样的总量指标可以把国民经济活动的产出成果概括为一个极为简要的统计数字，从而提供了衡量经济增长和各国之间产出水平比较的一个最为综合的衡量尺度，但是，GDP 或 GNP 的变化反映的是最终产品和服务的数量变化及其价格变化两个方面共同作用的结果。另外，GDP 或 GNP 作为流量概念，并不能充分反映一些存量的变化。更为重要的是，没有经由市场的交易活动是不会被统计入 GDP 的，而诸如环境污染和资源消耗又的的确确减少了人类社会赖以生存和发展的财富存量。总之，我们已经非常明确的一点就是，传统的国民核算存在相当的局限性，用 GDP 或 GNP 这样的总量指标来衡量经济增长与发展程度并不是没有问题的。

资源与环境经济研究的发展极为有力地推动了国民核算思想与实践的发展。早在古典经济学时代，其时也正处于工业革命兴起的时期，就已经有了关于资源与环境问题的经济学讨论和思考。然而，与 Adam Smith 对未来繁荣所持的乐观态度不同的是，另有许多古典经济学家则持怀疑态度甚至是十分消极的预期，譬如 Thomas Malthus（1798）对于人口增长而导致环境承载能力极限的分析、David Ricardo（1817）对由于资源稀缺经济增长最终会停滞的论述。而 John Stuart Mill 对自然资源所起的作用则具有更为开阔的视野，其也曾做过有关增长极限的分析[①]。例如 Mill 曾这样表达了对于人类无止境掠夺自然资源的隐忧：

"在审视这个世界时，想一想这个世界并没有为原本丰富多彩的自然界留下足够的空间，人类就没有什么可以满足的：每一块能为人类生产粮食的土地都被开垦，每一块荒野或自然牧场被耕作，所有未被驯养的禽兽当作与人类争夺食物的对手被消灭，每一丛灌木或者多余的树木被连根拔起，在所谓的改良农业里，几乎没有留下一处灌木或野花能够生长的地方，它们连种子都被根除。如果仅仅为了能够维持一个更庞大

---

① 张向达，李宏. 资源与环境经济研究的伦理思考 [J]. 伦理学研究，2010（1）：69-72.

但并不能令人更幸福、更美满的人口数量，财富和人口的无限增长将不得不以地球上失去大量乐趣为代价。"

20 世纪后半期，资源耗竭与环境污染等问题逐步在全球的范围内受到广泛关注。似乎有愈演愈烈趋势的自然灾害，实际上经常也是和人类经济活动紧密地联系在一起的。在关注经济活动对环境影响的同时，人们也逐渐认识到，经济的不断增长以及福利水平的维持和提高都是要依赖环境所提供的服务。这些关注转化为对环境禀赋是否被负责地利用的疑问[①]。另一方面，随着 20 世纪 70—80 年代可持续发展理念的提出并逐步发展，资源与环境经济研究对此也有明显的呼应，甚至可以说是逐步投入到可持续发展理论的框架之中，尽管其典型的经济学研究方法与分析思路并无根本变化而且也经常受到质疑。21 世纪后随着全球变暖、资源枯竭以及诸多环境问题的日益加剧，资源与环境经济学研究更是突出了可持续发展这一主题。至此，可持续发展理念的日趋成熟逐步改变了以往把注意力主要集中在生产性物质资本上的倾向，不再仅仅将物质资本作为财富和收入的基础，而完全忽略对于自然资源的考虑。

世界银行在世纪之交进行了一次世界范围内的"资产评估"，以研究世界各国的国民财富构成情况。其采用的国民财富分类形式为：自然资本、生产资本和无形资本。估算结果表明，国民财富的主要形式是无形资本，人力资本和制度价值（通过法律、法规和制度体现）所占财富比例最大（见表 5-1）。但是在低收入国家中，自然资本占到了总财富的 25%，远远大于生产资本所占的 16% 这一比例。这就是说，尽管无形资本（主要是人力资本）已经普遍被视为国民经济增长的"源泉"，但自然资源对于发展水平较低的国家而言，仍是国民财富的主要组成部分[②]。

实际上，这一核算方法的一个基本思想来自于约翰·希克斯（Hicks）对收入的定义，即：收入是一个人在一个时期内可以消费并且

---

① 丁言强. 环境经济综合核算 2003 [M]. 王艳，译. 北京：中国经济出版社，2005.
② 李宏，张向达. 自然灾害与国民财富损失研究 [J]. 地方财政研究，2009（10）：24-28.

表 5-1　　　　　　世界银行 2000 年总财富估算结果　　　　　　单位：美元/人

国家或地区	总财富	自然资本		生产资本		无形资本	
		绝对数	比例（%）	绝对数	比例（%）	绝对数	比例（%）
低收入国家	7 533	1 925	25	1 174	16	4 434	59
中等收入国家	27 616	3 496	13	5 347	19	18 773	68
高收入国家（OECD）	439 063	9 531	3	76 193	17	353 339	80
世界平均	95 860	4 011	4	16 850	18	74 998	78
中国	9 387	2 223	24	2 956	31	4 208	45

在期末保持与期初一样富裕的最大数量①。这一针对个人的收入定义对于国家而言同样适用，一个国家的收入可以定义为某一时期该国可以集体地花费的数量，而且不耗减其赖以创造这一数量的资本基础（或财富）②。除了资源与环境核算的思想，另有一些经济学家同时吸收了人力资本理论和社会资本理论，从而导致了从资本的观点对可持续发展做出了目前为止我们认为比较全面而切实可行的阐述，这就是：可持续发展是通过替代或保持财富的源泉确保人均国民财富不下降的发展，财富的源泉即生产的资本、人力资本、社会资本和自然资本的存量③。但是，联合国等在环境与经济综合核算（System of Integrated Environment and Economic Accounting，SEEA）中主要考虑的是部分环境资产，而人力资本和社会资本并未包括在其讨论的范围之内。

---

　　① 　约翰·希克斯在《价值与资本》中是这样表述的："在实际事务中计算收入的目的是指示人们他们能消费多少，而不致感到贫乏。从这一概念出发，我们似乎应当把一个人的收入下定义为：收入是他在一星期当中所能消费的最高价值，并预期他在周末的处境会和周初一样地好。因此，当一个人储蓄时，他计划在将来过得更好；当他入不敷出时，他将来会过得更坏。记住收入的实际目的是用来作为审慎行为的指导，我认为很明显的这就是中心意义所在。"
　　② 　丁言强. 环境经济综合核算 2003 [M]. 王艳，译. 北京：中国经济出版社，2005：4.
　　③ 　丁言强. 环境经济综合核算 2003 [M]. 王艳，译. 北京：中国经济出版社，2005：4.

5.2 自然灾害国民财富损失

从传统的视有形物质资产为财富的主要内容，到对自然资产、人力资本和制度价值的重视，无疑表明我们对于国民财富的范围与性质的认识的逐步拓展。人类社会的生产与发展，本质上就可以看作是一个国民财富不断累积的过程，只有在国民财富不断增长（至少是不减少）的前提之下，人类社会才能够实现社会福利的持续增长。正如我们已经在本书图 1—1 所表示的那样，国民财富的存量水平和不断累积是社会福利增长的基础和前提，社会福利水平的不断增长是通过国民财富的积累和消费这两种最基本形式维持其均衡的可持续发展来实现的。自然灾害所带来的损失，不论是直接的还是间接的，最终都体现为国民财富总量的损失。也就是说，不论其经由怎样的渠道和什么方式，它都有损于经济体可资利用的国民财富的存量水平①。我们认为，这才是自然灾害损失与影响的真正实质。

从广义上讲，国民财富可以包括由人类社会经济活动创造出来的和自然赋予的形式多样的各类财富，如果我们将主要由自然赋予的称为自然资产②，如土地、森林、矿藏、河流等，则剩下的都可以称为经济资产，因为它们主要经由人类活动加工或创造而形成。那么，经济资产主要包括物质资本、人力资本和社会资本等各种有形和无形的资产，自然资产则主要由土地、矿藏、森林和水资源等构成。由此，正如国民财富的主要形式是无形资本，自然灾害损失的主要形式也就不会仅仅是有形的物质资本。

如图 5—1 所示，基于国民财富损失的视角，我们可以将自然灾害经济损失分为两大类③，一类是经济资产损失，它主要是指所有权明确且具有（或可以转换成）市场价值的有形和无形资产的损失，包括物质

---

① 李宏，张向达. 自然灾害与国民财富损失研究 [J]. 地方财政研究，2009（10）：24-28.
② 在本书中，我们经常交替使用了"资本"和"资产"两个词汇，而并未对它们作严格的区分，而通常在会计业务上两者的区分是很显然的。事实上，资本（Capital）主要表现为物，它是可以带来剩余价值的价值，我们使用它就是为了表示它能增值；资产（Asset）通常指的是经济资源，包含有财产权的意义，我们这里使用资产一词主要是取它所包含的范围更广的一层含义。另外，自然资本或自然资产的说法通常也都是指的"Natural Cpital"，故此我们也没有作严格区分。
③ 李宏. 我国的自然灾害及其经济成本研究 [J]. 价格月刊，2010（4）：66-72.

资本、人力资本和社会资本的损失；另一类是自然资产损失，主要包括土地资产损失、森林资产损失、矿藏资产损失和环境功能与服务的价值损失。这种分类部分地参考了世界银行进行国民财富核算时所采用的方法，即将自然资源视为构成国民财富重要组成部分的一种存量资产。另外，经济资产损失也可以按照有形（如物质资本）和无形（如人力资本和社会资本）、直接和间接的标准来分为四大类：直接有形损失、直接无形损失、间接有形损失和间接无形损失。自然资产损失则可以归结为使用价值损失和非使用价值损失两大类，后者包括了存在价值损失、选择价值损失和准选择价值损失。

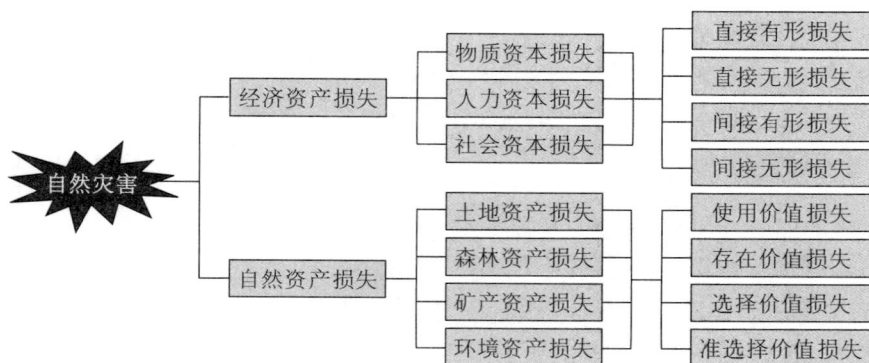

图 5-1 自然灾害国民财富损失分类

以下我们将按照物质资本、自然资产、人力资本和社会资本的顺序来逐一阐释，这一顺序的确定，主要是依据就目前而言的对其进行衡量的难易和为专家和公众所接受的程度而来的。

5.2.1 物质资本损失

正是由于我们长期以来对物质财富的重视，使得自然灾害经济损失统计中主要包括的就是物质资本，例如房屋、机械设备、工具、原料、产品，以及道路和桥梁设施等。除了对于物质财富的重视，也还与这部分损失直接可见且比较容易计量有关系。有关物质财产损失的讨论与分析已经足够多了，或者说由于这部分损失清晰可见，核算原理相对简单（实际操作上当然是相当复杂的），我们这里也就没有必要再过多地进行阐述了。原三委自然灾害综合研究组曾将常见的物质财富划分为 20

类[1]，按受灾体类型考虑自然灾害带来的物质财富损失，这基本上就比较全面地囊括了物质资本损失的范围，详见表5-2。

表 5-2　　　　　　　　　　　**自然灾害的物质资本损失**

序号	损失类型		主要受灾体	计量单位	主要危害灾种
1	畜禽和陆生养殖品损失	牲畜	牛、马、骡、驴、骆驼、猪、羊	头、只、匹；万头、万只、万匹	洪涝、雪灾、干旱、台风、风暴潮、地震、崩塌、滑坡、泥石流、病害
		家禽	鸡、鸭、鹅	只、万只	
		陆生养殖品	狐、兔、蛇、鹿、蚕等	只、万只、吨	
2	农产品损失		小麦、稻谷、玉米、大豆、棉花、水果、木材等	吨、立方米	洪涝、风暴潮、风灾、地震、崩塌、滑坡、泥石流
3	农作物损失	粮食作物	小麦、水稻、玉米等	公顷、千公顷、万公顷、万株	洪涝、干旱、雪灾、低温冻害、风雹、干热风、台风、风暴潮、病虫草害、滑坡、泥石流等
		经济作物	棉花、烟草、甘蔗等		
		油料作物	大豆、花生、油菜等		
		果茶作物	苹果、梨、桃和茶等		
		其他	蔬菜、瓜果及海带等		
4	林木损失	一般林木	用材林、防护林、经济林、风景林等	公顷、千公顷、万公顷、株、万株	洪水、风雹、滑坡、泥石流、台风、风暴潮、病虫害等
		珍稀林木	专门保护的珍贵树林、稀有树木、古树		
5	草地损失	天然草地	草原、草场	公顷、万公顷	雪灾、冷冻、风雹、病害、鼠害、洪涝、台风、风暴潮、滑坡、泥石流
		人工草地	城镇绿地、苗圃		
6	水产养殖品和设施损失		鱼、虾、贝、鳖及塘、池等	尾、只、千克、吨、米、平方米	洪涝、干旱、台风、地震、低温冻害、风暴潮、病害

---

[1]　原国家科委、国家计委、国家经贸委自然灾害综合研究组. 中国自然灾害综合研究的进展［M］. 北京：气象出版社，2009：88.

续表

序号	损失类型		主要受灾体	计量单位	主要危害灾种
7	耕地损失		农作物耕地、果园地、茶林地、橡胶林地	公顷、万公顷	洪水、地震、滑坡、泥石流、崩塌
8	房屋损失	钢结构房屋	饭店、写字楼、商场、厂房等	平方米、万平方米、间	地震、洪水、台风、风暴潮、海啸、崩塌、滑坡、泥石流
		钢筋混凝土架构房屋	住宅、商场、饭店、办公楼、写字楼、厂房等		
		砖结构	住宅、商店、办公室、厂房、仓库等		
		简易房屋	住宅、棚圈等		
9	生命线工程损失	供水系统	水厂、管线、泵站等	管线、线路用米、千米，其他用座、个、处	地震、洪水、台风、风暴潮、海啸、崩塌、滑坡、泥石流
		供电系统	电厂、输变电线路、塔架、变电站等		
		供气系统	气厂、管线、储气罐、调压站等		
		供热系统	厂（站）、管线、泵房等		
		通信系统	发射接收站、线路等		
10	水利工程设施损失		水库、大坝、水电站、堤防、水闸、渠道、渡槽、机井等	座、米、千米、眼	地震、洪水、滑坡、泥石流、崩塌、风暴潮、海啸
11	铁路设施损失		路基、轨道、隧道、涵洞、信号与防护设施等	米、千米、座	
12	公路设施损失		路基、路面、涵洞、隧道、防护工程等	米、千米、处	

续表

序号	损失类型	主要受灾体	计量单位	主要危害灾种
13	城市道路损失	路基、路面、防护设施等	米、千米、处	
14	桥梁损失	正桥、引桥、防护工程等	座	
15	港口设施损失	码头、港池、堆场、防波堤等	座、处、米	滑坡、泥石流、崩塌、台风、风暴潮、地震、海啸、洪水
16	航道设施损失	7级以上航道、过船建筑、航标等	米、千米、座、处	滑坡、泥石流、崩塌、台风、风暴潮、海啸、洪水
17	生产与生活构筑物损失	水塔、烟囱、高炉、贮器、容器、井架等	座、个	地震、崩塌、滑坡、泥石流、洪水、台风、海啸、风暴潮
18	机械设备、仪器仪表、工具、工业材料、工业产品、商储物资损失	机械、仪器、工具、生产线、飞机、火车、汽车、船只、金属与非金属材料、工业产品与半成品、商业物资等	台、件、辆、艘、吨、箱、匹、米、立方米等	洪水、地震、滑坡、泥石流、崩塌、风暴潮、海啸、台风
19	办公用品和个人生产生活用品	摩托车、拖拉机、计算机、传真机、家电、家具、衣被等	辆、台、架、件等	洪水、地震、泥石流、崩塌、滑坡、风暴潮、海啸
20	其他	油库、弹药库、化学库、核电站、飞机场、发射场、污水处理厂、海岸工程、海底电缆、钻井平台、观测设施、文物古迹、珍稀动物、特殊保护区等	座、处、个	地震、洪水、滑坡、泥石流、崩塌、风暴潮、台风、海啸

资料来源：原国家科委、国家计委、国家经贸委自然灾害综合研究组 . 中国自然灾害综合研究的进展 [M]. 北京：气象出版社，2009：88－94.

在对自然灾害损失进行评估的时候，除了实物量指标，如按照表5-2中所列示的计量单位进行计量后得到的结果，经常还需要对受灾体的价值损失进行评估。前文已经交代过，我国民政部门对于直接经济损失的计算方法是，用受灾体损毁前的实际价值乘以损毁率。那么，对于物质资本损失计量的基本原理和方法，我们可以用公式简单表示如下：

$$L_M = M_0 \times S_M = M_p \times Q_M$$

L_M：物质资本的价值损失；

M_0：物质资本灾前实际价值；

S_M：物质资本损毁率；

M_p：物质资本单位价值；

Q_M：物质资本损毁数量。

对于上述计量方法有必要说明的有：一是受灾体的灾前实际价值一般是指市场价值或成本价值，这是由于大部分物质财产都是可以经由市场进行交易的，从而能够得到市场价值或重置成本；二是受灾体损毁率的测算和评定也是一个难点所在，因为同样的灾害对于不同区域的同种受灾体的损毁程度往往不同，而诸如林木、耕地、房屋、生命线工程、水利工程、铁路、公路、桥梁、港口以及航道等不同受灾体的损毁率也需要不同领域中的技术专家进行测算和评定；三是如果能够确定损毁率，那么这与通常所说的修缮费用（如果可以进行修缮的话）或设施与设备的残值等是等价的，因为修缮意味着弥补了损失，而如果进行重置则必然要考虑去掉残值。

5.2.2　自然资产损失

基本上所有种类的自然灾害，包括洪涝、干旱、地震、滑坡和泥石流、台风以及低温冻害和雪灾等，都会对自然资源和生态环境造成一定程度的破坏和影响。例如，最近几十年来，自然灾害对我国土地资源的破坏呈现出了不断加重的趋势。平均每年各类自然灾害增加的面积为[①]：水旱灾害 31 万公顷；水土流失 1 万公顷；沙漠化土地 2 460 平方

---

① 原国家科委、国家计委、国家经贸委自然灾害综合研究组. 中国自然灾害综合研究的进展［M］. 北京：气象出版社，2009：217.

千米；盐渍化土地 3 万平方千米；草场退化、沙化、碱化 200 万平方千米；其他 7 万平方千米。除了对土地资源的破坏，森林资源以及水资源和大气环境等，也同样经常在自然灾害事件中受到严重的影响。正如世界银行进行的"千年资产评估"和目前仍在试行和推广的"绿色核算"所揭示出的那样，自然资本是国民财富重要的组成部分，而且环境污染和生态破坏的价值损失也是非常巨大的。因此，自然灾害事件对资源与环境的影响也应当被考虑在自然灾害损失的范围之内，因为它同样体现了我们赖以创造收入和福利的国民财富的耗减。

当然，随着环境污染和资源面临耗竭等问题的迫切严重性日益为公众所关注，要人们承认灾害自然资产损失问题的存在已经不是什么问题，但如何对这部分价值损失进行计量就存在着诸多的不确定性问题。因为自然资产种类繁多，范围也难以精确地加以界定，对自然资产的估价如果基于效用和福利进行计量，多涉及有争议的非市场价值评估范畴，其理论基础和实践操作都存在许多问题（Freeman，1993；UN，1999）。对此，我们不否认问题的存在，但是我们要强调的是，不论是否能够精确估价的收益终归都由经济体和人类获得。那么，相应地，自然灾害事件所导致的自然资本损失，也最终都是由经济体和我们人类自身实实在在来承担的。

自然资产损失可以表示为自然资产存量价值与损毁率的乘积，或者对于直接可以在市场进行交易的，如部分林业产品，可以表示为单位资产的市场价值与其损毁数量的乘积：

$$L_N = N_0 \times S_N = N_p \times Q_N$$

式中，L_N：自然资产损失；

N_0：自然资产的存量价值；

S_N：自然资产损毁率；

N_p：自然资产单位价值；

Q_N：自然资产损毁数量。

自然资产损失价值计量的关键在于自然资产存量价值的评估，在此基础之上结合灾害对其造成的毁损程度（这主要来自灾情统计和自然科学研究）即可得出损失价值。有关资源与环境价值的评估方法有很多种，但大致可以分为两类：直接法和间接法。前者主要通过直接观察市场或直接假定等方式得出货币化的价值；后者则以选择行为和个人最优化模型为基础进行间接技术推断。如前所述，国内已有大量研究涉及各个灾种所致各种损失的计量方法问题，为了更进一步地专注自然资产损失而又有别于经济资产的损失，我们有必要从自然资源与环境的功能角度来进行探讨。

自然资产对人类生产与福利的价值可分为三种：一是资源功能所产生的价值，即作为生产要素投入，我们用 R 表示；二是沉淀功能产生的价值，消化吸收生产和消费过程中产生的废弃物，用 W 表示；三是服务功能的价值，为居民提供生命支持以及娱乐服务，用 S 表示。由此，自然资产的价值就不仅包括使用价值，而且包括非使用价值或曰内在价值。表 5-3 以森林资产为例列举了自然资产的多样化的产出情况。

表 5-3　　　　自然资产的价值——以森林资产产出为例

产出物	服务/价值	使用者	可分割性	可排他性	可否在市场交易
木材	R	F	D	E	M
立木	S	H	ND	NE	NM
矿物质	R	F	D	E	M
植物群落	R，S	F，H	D，ND	E，NE	M，NM
动物群落	R，S	F，H	D，ND	E，NE	M，NM
防洪蓄洪	S	F，H	ND	NE	NM
净化水质	R，W，S	F，H	D，ND	E，NE	NM
保育土壤	R，S	F	ND	NE	NM
改善气候	S	F，H	ND	NE	NM
固碳	W，S	F，H	ND	NE	NM

资料来源：罗杰，珀曼. 自然资源与环境经济学 [M]. 张涛译. 北京：中国经济出版社，2002：437.

注：F 为企业，H 为居民；D 表示可分割，ND 表示不可分割；E 表示可排他，NE 表示不可排他；M 表示可交易，NM 表示不可交易。

　　自然资产的价值还可进一步划分为四种：一是使用价值，即基于实际或计划使用产生的价值；二是存在价值，即自然资产持续存在所产生的价值，无论是现在还是将来被利用；三是选择价值，即"保留以备将来使用"的价值；四是准选择价值，即为避免进行不可逆活动而愿意支付的价值。事实上，选择价值和准选择价值以对未来情况的不完全认识为前提，其所涉及的是风险和不确定性并且多有争议，而使用价值和存在价值则是在未来情况完全确定的条件下也是存在的。因此，我们认为可以将存在价值作为非使用价值的主要构成部分，连同使用价值一起用来衡量自然资产损失的价值[①]。

　　从基本原理上来说，我们认为可以用如下两种方法来对自然资产存量的价值进行计量：

　　第一，基于租金或收益的计量方法。

　　依据租金理论，自然资产存量的价值，可以依据该资产在耗尽以前所产生的未来收益或者租金流的净现值进行计算。那么自然资产价值 NCV 可以表示为收益或租金 RR、存续时间 n 和贴现率 r 的函数：

$$NCV = NCV(RR,n,r) = RR \sum_{i=1}^{n} 1/(1+r)^i = RR \left[\frac{(1+r)^n - 1}{r(1+r)^n} \right]$$

　　如果该自然资产的存续时间是无限的，如土地可被视为永续利用，即 $n \to \infty$，那么其价值可简单表示为：

$$NCV = NCV(RR,r) = RR/r$$

　　这也就是说，自然资产存量的价值主要取决于收益或租金和贴现率。进一步地，如果考虑自然资产的存量水平 S 和单位时间的开采或利用量 D，则存续时间 n=S/D，单位资源租金 rr=RR/D。从而自然资产价值取决于存量水平 S、开采或利用量 D、单位租金 rr 和贴现率 r。这种方法的关键，同时也是难点，就在于准确计算收益或租金水平，以及贴现率的选取。

　　在实践中，如果能够准确描述自然资产的特性而测定存量水平，那么可通过参考实际交易或者政府作为所有者收取的税费等办法来确定收益或租金水平，从而依据一定的贴现率即可得出自然资产的存量价值。

---

　　① 张向达，李宏. 加强灾害自然资产损失问题的研究［N］. 光明日报，2009-06-27.

但通常这种方法计量的主要是使用价值，因为资源存量、收益或租金水平等经常是依据使用价值来确定的，前述直接经济损失涉及自然资产的部分所计量的也主要就是其使用价值损失。如果自然资产由于灾害的破坏而不复存在，则就丧失了从其继续存在中获得所有利益的可能性，这其中不仅包括已知的使用价值，同时非使用价值也一并丧失，如果忽视这部分价值就可能低估了灾害损失与影响。例如以森林资产为例，除了林业产品和林地的价值，还提供调节气候、维持生物多样性等服务。尽管对于非使用价值，从概念到计量方法都存在着争议，但我们认为其作为一种思想是极其重要的。

为此，当把非使用价值纳入考虑范围时，应该针对不能交易也无参照体系的各项收益进行估价或找到代理变量，添加到收益或租金之中。对这一部分的价值如果不能进行科学测算，可以由自然保护支出、防护支出、捐赠支出等来替代以充分体现其价值。这样，完整的价值公式应当形如：

$$NCV = NCV（RR,a,b,n,r）= \left[（RR+a）\sum_{i=1}^{n}1/（1+r）^i\right]+b$$

$$=（RR+a）\left[\frac{（1+r）^n-1}{r（1+r）^n}\right]+b$$

式中，a：可持续的非使用价值收益；

b：不可持续的非使用价值收益。

这样得到的自然资产价值肯定大于仅考虑使用价值收益时所得到的价值。

第二，基于经济福利影响的计量方法。

由于自然资产能够产生经济福利，因此当自然资产因灾遭受损失时，可由自然资产的数量或质量变化所产生的经济福利影响，通过居民的支付意愿（WTP）来衡量其价值。估算支付意愿的方法大致可分为两种，一种是"陈述偏好法"，即通过直接询问得到；另一种是"显示偏好法"，即直接观察或使用统计或计量经济技术间接估算，如旅行费用法（TCM）、条件价值法（CVM）以及享乐定价法（HPA）等。陈述偏好法简单易行，但存在着起点偏差、暗含价值和策略性行为等问题，往往难以得到真实的支付意愿。显示偏好法在数据足够充分的条件下，可较为准确地反映支付意愿，但过程较复杂并以一系列假设为前提。

显示偏好法的基本思想可表述为：假设可以将资源与环境服务的相关参数，连同市场物品一起作为变量包含在消费者的效用函数中，则该服务参数可成为市场物品需求函数的一个自变量，在满足一定条件下，则可以通过对市场物品的衍生需求反映出该服务的价值。若以 q 表示自然资产的数量或质量参数，q 为既定且价格为 0，X 表示消费品向量，P 为价格向量，M 为收入，个人有如下效用函数：

$$u = u(X, q)，预算约束为 \sum_i P_i X_i = M$$

求解该问题可得到需求函数 $X_i = X_i(P, M, q)$。考虑到效用最大化问题的对偶形式，在既定效用水平下，求解支出最小化可得支出函数：$e(P, q, u^0) = M$，其中 u^0 由前述效用最大化问题解出。从而对支出函数关于价格求导即可得希克斯补偿需求函数，而对 q 进行微分就可得对 q 的变化所产生的边际支付意愿（WTP）或边际需求价格，即 $WTP = -\partial e(P, q, u^0) / \partial q$，这可以通过观察到的数据进行推断得到，从而可以作为自然资产价值的计量依据。如果以 W 表示 q 供给的非边际变化对个人所产生的经济福利影响，也可以利用支出函数比较直观地给出 W 的表达式：

$$W = -\int_{q'}^{q''} e_q(P, q, u) dq = e(P, q', u) - e(P, q'', u)$$

上式中的效用水平 u 如果是初始状态的，如灾害发生以前，则该式表明了补偿剩余（CS）货币计量方法，如果 u 是变化后的效用水平，则为等量剩余（ES）货币计量方法。由于灾害属于不可人为控制的因素，因此我们人为这里应当采用等量剩余的货币计量方法。

这种类型的方法存在着需要一系列假设条件，如偏好的可排序和替代、行为和需求函数可以观测等，以及数据可得性等方面的问题，并且支付意愿与补偿意愿之间往往存在差异。但是，通过这种方法所得到的结果，无疑是优于早期基于"损害函数"方法（以物理量损失为基础进行评估，再应用单位价格得到货币化损失价值）所得的结论的，因为它考虑了调整行为，从而更为充分地考虑了资源与环境变化对人类经济福利的影响。

5.2.3　人力资本损失

通常在自然灾害灾情的统计中都包含了因灾死亡人口和受伤人口的数量，这无疑应当是属于定性和定量相结合的一个自然灾害损失指标。但是，这里的定量只是最为一般性的，这一指标只能用于单次或者年度灾害对于人口数量的影响之间的比较，也能在某种程度上反映自然灾害损失与影响的严重程度，但还无法反映因灾死伤人口数量对于经济增长与发展的具体含义。也就是说，它与其他的指标如物质资本损失之间通常无法比较，所以在考虑经济意义的情况下，应当对它进行转换，即计算人力资本的价值损失。

除此之外，考虑人力资本价值损失还有一个更为基本的理由。那就是，从宏观经济发展来看，一定量的物质资本与人力资本都是必需的。并且，根据新古典经济增长模型，经济增长主要取决于资本和劳动要素投入的增长，但二战后涌现的大量对发达国家长期经济增长的统计研究的结果表明，是人力资本而非物质资本对经济增长做出了更为重要的贡献，教育水平的提高和技术的改进与资本、劳动数量的增加相比，已经成为更重要的经济增长源泉[1]。据舒尔茨（Schultz）的估计，1929—1959 年，美国的教育收益占余值增长率（余值增长率＝国民收入增长率−资本和劳动增长率）的 3/10 ~ 1/2。另据美国经济学家丹尼森（Danison）对美、英、西北欧 9 国 1950—1962 年统计数据的估计，教育、医疗卫生、知识的增进等因素对经济增长的贡献占余值增长率的 60%以上[2]。另外，以罗默和卢卡斯的研究为代表的"内生增长理论"更是认为，人力资本不仅可以提高劳动力的生产效率，而且能提高物质资本的生产效率。总之，大量的理论与实证研究表明，人力资本是经济增长的引擎，在某种意义上甚至是一个国家或地区社会经济发展的最终决定力量。

尽管对于人力资本的重要意义已经成为共识，但对于人力资本价值

---

　　[1]　李宏. 经济与社会协调发展视野中的人力投资与社会保障 [J]. 北京工业大学学报（社科版），2007（4）：27–31.
　　[2]　李建民. 人力资本通论 [M]. 上海：上海三联书店，1999：43.

的衡量，则始终存在着不同的看法。我们这里先简要地介绍两种基本的思路，一是以人力资本投资的成本来衡量人力资本价值；二是以个人预期的未来收益能力来衡量所具有的人力资本的价值。人力资本的形成，源于对人自身所进行的投资。贝克尔（G. S. Becker）认为："所有用于增加人的资源并影响其未来货币收入和消费的投资为人力资本投资""对于人力的投资是多方面的，其中主要是教育支出、保健支出、劳动力国内流动的支出或用于移民入境的支出等形成的人力资本[①]"。因此，我们可以采用人力资本投资成本来对人力资本价值进行衡量，这可以称为"成本法"。另一方面，舒尔茨认为，人力资本是"人民作为生产者和消费者的能力""人力资本是一种严格的经济学概念……它之所以是一种资本是因为它是未来收入或满足，或未来收入与满足的来源[②]"。从而，我们可以用一个人的终生预期总收入的现值来衡量个人的人力资本存量，因而可以称为"收益法"，即：

$$HC = R_0 + \frac{R_1}{(1+i)^1} + \frac{R_2}{(1+i)^2} + \frac{R_3}{(1+i)^3} + \cdots = \sum \frac{R_n}{(1+i)^n}$$

式中，HC：人力资本存量；

R_n：劳动者在第 n 时期的收入；

i：折现率。

相比较而言，使用成本法衡量的人力资本价值应当是比较保守的，肯定小于或者等于使用收益方法所得到的结果。因为人们之所以会进行人力资本投资，肯定会遵循收益大于或等于成本的基本决策原则。考虑到人力资本对于社会经济发展的重要意义，我们倾向于采用收益法来衡量自然灾害中人力资本价值损失[③]。但是，对于受伤人员我们就可能需要采用另外一种思路，即考虑自然灾害给他们所带来的经济成本。因为，即使我们知道受伤人员的人力资本存量价值可能会在灾害中受损，但如

---

① 贝克尔. 人力资本［M］. 北京：北京大学出版社，1987：63-81.
② 舒尔茨. 人力资本投资——教育和研究的作用［M］. 蒋斌，张蘅，译. 北京：商务印书馆，1990：22.
③ 值得注意的是，通常人们都会对于给生命赋予经济价值表示难以接受，但是无论是人力资本价值也好，还是我们在这里没有提及和论述的统计生命价值也罢，此类方法并不是真正要给生命赋予经济价值，而只是通过经济价值的形式来衡量人的生命的丧失对于经济的影响。而且，这种影响必然是最小范围和最低限度的，并不是说生命丧失的全部影响都仅仅在于计算所得的数值。我们相信并坚持生命无价，但其部分影响是可以用价值来测量的，否则也就失去了讨论的前提。

果采用收益的方法则需要考虑灾前和灾后收益水平的差异。与因灾死亡人员不同的是，受伤人员治疗所耽误的时间以及到康复所需的支出是实际发生的，相比收入水平差异更容易通过观测得到。因此，我们认为自然灾害中人力资本损失主要由死亡人口的人力资本价值和受伤人口的治疗费用以及机会成本（主要指治疗和康复期间所丧失的收入）构成：

$L_H = HC + (HM + HO)$

式中，L_H：人力资本损失；

HC：死亡人口人力资本存量价值；

HM：受伤人口治疗成本；

HO：受伤人口机会成本。

国内有学者主张可以将受伤人口以伤残程度按一定系数折算为死亡人数[①]，对此我们无法表示赞成。原因实际上我们已经述及，那就是受伤人口的医疗成本以及机会成本都是实际发生而且比较直观的，对其人力资本存量价值损失进行测算固然难以操作，但对实际发生的成本视而不见甚至草率地按照一定系数折算就更为荒唐了，而且这一系数从何而来也不能不说是一个很大的疑问。另外，也有主张按照保险理赔办法进行测算的[②]，这又要受制于投保人和保险公司的经济实力以及保险业自身的发展状况，而且同样也只能作为一个"下限"。我们认为这类方法虽然同样不失为以货币化的经济损失来估算灾害导致的总经济损失的方法，但都不尽合理，都比不上从人力资本价值的视角加以考虑所得到的结果，更能体现人力资本的经济功能和意义。在实际操作中，考虑到人力资本是极具生产性的重要经济资源，我们认为可以采用人均产出来作为收入的替代变量，这样得到的结果就能反映出人员生命损失对于经济体产出能力和水平的影响程度，正好符合我们基于国民财富视角来考虑自然灾害经济损失与影响的基本意图和精神。

---

① 原国家科委、国家计委、国家经贸委自然灾害综合研究组. 中国自然灾害综合研究的进展［M］. 北京：气象出版社，2009：109.

② 这一方法在国内外都有提及，国外如拉加经委会（ECLAC）在《灾害社会经济与环境影响评估手册》（2003）中讨论生命价值损失时也对人力资产（human asset）价值衡量问题进行了概括，如收入净现值法、保险理赔法以及支付意愿法等，但拉加经委会最后认为由于人们感情上难以接受给生命赋予经济价值，因而此类尝试往往都不具备可操作性。

5.2.4　社会资本损失

尽管"社会资本"已经不算是鲜为人所知的新颖概念了，但是对于这一概念的界定一直存在着种种争论。例如，从群体层次的角度出发，布迪厄（Bourdieu）认为社会资本"由社会义务或联系组成……它是实际的或潜在的资源的集合，这些资源是与对一个相互熟识和认可的、具有制度化关系的持久网络的拥有——换言之，一个群体的成员身份——联系在一起①。"普特南（Putnam）则从个人层面出发认为，社会资本是由社会网络和一系列的规范所构成的，它们能够影响到所在社区的生产力，其关键在于促进个人之间的协调与合作。林南则在分析了布迪厄、科尔曼（Coleman）、弗拉普（Flap）以及伯特（Burt）和埃里克森（Erickson）等人对于社会资本的阐释之后，总结性地认为：与人力资本一样，社会资本是行动者提高目的性行动成功的可能性投资。与人力资本不同的是，社会资本是在社会关系中的投资，通过社会关系可以使用和借取其他行动者的资源②。联合国教科文组织（UNESCO）则明确指出：从最简单的意义上来说，一个人是通过参与非正规网络、注册团体，以及各种社会运动协会来获得社会资本的，社会资本代表着这些经历的总和。有人认为只有对正式组织的参与才能被定义为社会资本，也有人认为对社会运动的零星参与也应该被定义为社会资本。我们应当对这些差异有清醒的认识。人们认为，通过不同的组织和网络的成员身份，个人能够发展共同利益并分享价值观，从而有助于成员之间的相互信任，并能更好地理解文化、环境以及生活方式上的差异。通过这样一个过程，民主政治才能浮现，个人才能有机会获得权力和利益。

然而，姑且不论人们怎样去看待社会资本的概念与内涵，更为重要的是，到目前为止人们已经清醒地认识到，物质资本、自然资本和人力资本这三类资本只是部分地决定着经济增长的过程，因为它们忽略了经济活动参与者之间的相互影响以及把它们组织起来从而产生增长和发展

① 林南. 社会资本——关于社会结构与行动的理论［M］. 张磊，译. 上海：上海人民出版社，2005：21.
② 林南. 社会资本——关于社会结构与行动的理论［M］. 张磊，译. 上海：上海人民出版社，2005：23.

的途径。这个被遗漏的纽带就是社会资本[①]。

　　自然灾害事件的发生，无论是从国家和社会的宏观层面看，还是从社区与个人的微观层面来看，都毫无疑问地在一定程度上影响甚至打破了某些秩序和规范，也冲击乃至破坏了原有的社会关系网络。一个极为浅显的例子就是，遭受自然灾害袭击的家庭，面对原有生活环境的破坏以及恢复重建之后的变迁，这些家庭丧失了原有的一些社会关系，从而不再能动员和享有灾前所能动员和享有的部分社会资源，并面临着短暂的乃至更长时间的生活上的种种不便，以及需要假以时日才能排遣的失落感和同样需要一定时间才能建立起来的归属感。现实情形中的例子也是常见的，如 2008 年四川汶川地震之后，专家组经调查发现，在地震灾区灾民安置过程中，过渡板房虽然可以提供相对可接受的居住条件，但难以满足农民耕种土地、存放农具、蓄养家畜家禽、堆放和晾晒粮食等生产、生活需求，也就是与农村的生产和生活方式不相适宜[②]。另外，常见的自然灾害引发的一些社会心理问题乃至演变成为社会冲突和矛盾，其实也反映了自然灾害事件对原有的制度、规范和网络的冲击性的影响所造成的后果。灾害不但导致了新的问题，而且导致旧有的解决问题和冲突的有效机制遭到破坏，例如社区组织和社会支持网络的解体导致信任缺失和丧失共同的价值观，政府社会管理上真空地带的形成导致歧视、腐败滋生，以及社会混乱和动荡等，这些往往也都可以，至少是相当一部分都可以归结到社会资本损失的范畴。

　　关于社会资本价值的衡量，至今仍然没有权威的论断以及得到公认的合理方法。这主要是由于社会资本的范围太广、内涵过于丰富，并无完善的定义。而所包含的制度、信用、规范、价值观以及社会网络等往往都是无形而松散的，因而使得很难赋予社会资本一定的经济价值。在世界银行对国民财富的估算中，其无形资本也是在各种甚至无法保证满足的假设条件下，通过"倒推"或者说"余值"的方法得到的[③]。若在

---

　　① 迪克逊. 扩展财富衡量的手段 [M]. 张坤民，等，译. 北京：中国环境科学出版社，1998：141.
　　② 国家减灾委员会科学技术部抗震救灾专家组. 汶川地震社会管理政策研究 [M]. 北京：科学出版社，2008：57.
　　③ 大致的计算过程是这样的：先根据可持续的消费水平进行贴现来计算总财富，然后计算生产资本和自然资本，在总财富中扣除生产资本和自然资本所得到的余值即为无形资本，它包含了人力资本和社会资本。

测量自然灾害社会资本损失时采用倒推方法，也许是不大行得通的，因为我们可能难以真正掌握经济增长与发展的原始路径以及改变后的稳定路径，从而对于总财富损失的推断也就未必可靠。但是，正如本书已经指出的，社会资本对于经济增长与发展的途径的影响是毋庸置疑的。目前有关社会资本及其影响的定量研究仍然处于初步阶段，世界银行环境局曾列举了这样一个有关社会资本的指标清单，它来自于一些学术研究中所采用的指标。这份清单主要包含了"平行性联合"、"公民和政治团体"、"社会一体化"和"法律与监督"等四个方面的若干指标，详见表5-4。目前我国对于社会资本影响的评估与计量研究尚落后于国外研究，尤其是西方发达国家，因此，相关的研究和类似的指标清单对我们有着重要的借鉴意义。

表 5-4 有关社会资本的一些经验指标

	具体指标
平行性联合	联合和地方机构的数量和类型、贸易联合会内部的信任程度、会员的范围、对社区组织程度的认识、参与决策的范围、对支持性网络的依赖、办会内亲缘关系的均一度、外来汇款占假体收入的比例、协会内收入及职业的均一度、礼品和对外汇款占家庭收入的比例、村民及政府之间的信任程度、老年人对家庭的依赖程度
公民和政治团体	公民自由指数（加斯迪型或自由之家型Castil，Freedom house）、受到政治歧视的人口比例、政治歧视强度指数、受到经济歧视的人口比例、经济歧视强度指数、涉足分离运动的人口比例、政治权利的加斯迪型指数、政治自由的自由之家型指数、民主指数、腐败指数、政府失灵指数、民主制度的强度、"人类自由"的测定、政治稳定性的测定、政府的离心程度、投票率、政治暗杀、结构性的政府更迭、重大策略
社会一体化	社会流动性指数、"社会紧张"强度的测定、动乱、抗议示威、民族语言的分化、罢工、谋杀率、自杀率、其他犯罪率、每10万人中的罪犯数、违法率、单亲家庭比例、离婚、青年失业率
法律与监督	政府机构的质量、司法系统的独立性、没收财产及国有化的风险、通货/M2、政府毁约、协议的可执行性、协议的内涵资金

资料来源：迪克逊．扩展财富衡量的手段［M］.张坤民，等，译．北京：中国环境科学出版社，1998：160-162.

5.3　我国的自然灾害国民财富损失

如果基于上述自然灾害损失的国民财富观，来看待我国自然灾害所带来的财富损失，会得到怎样的结果？这是本书接下来的一个核心议题，虽然囿于统计资料的限制，我们很难全面分析并把握我国自然灾害国民财富的损失状况，但是我们将尽量根据现有的资料来作进一步分析。尽管得到的结果未必精确，但我们期望能够用一种模糊的正确，去驱赶那些精确的错误，以便能更好地理解自然灾害损失及其对国民财富的影响。

5.3.1　自然灾害国民财富损失计算方法

需要说明的是，由于每年因自然灾害导致的自然资产损失以及伤亡人口等的详细信息难以获取，我们这里只能尝试估计较近一段时期以来的平均数。具体地，我们试图以 1998 年以来的数据来估计年自然灾害所导致的物质资本损失、自然资本损失和人力资本损失，由于尚缺乏衡量社会资本的有效手段，并且也难以用"余值"的方法得到，因此暂不予估计。

根据前文所述，自然灾害国民财富损失由四个部分构成：

$$L_W = L_M + L_N + L_H + L_S$$

式中，L_W：自然灾害国民财富损失；

L_M：物质资本损失；

L_N：自然资本损失；

L_H：人力资本损失；

L_S：社会资本损失。

5.3.1.1　物质资本损失

我国民政部门自然灾害灾情统计的主要指标包括三个方面：一是人口受灾情况，具体指标有受灾人口、死亡人口、伤病人口、紧急转移人口和饮水困难人口；二是农作物受灾情况，包括受灾面积、成灾面积和绝收面积等指标；三是损矢情况，包括倒塌房屋、损坏房屋、死亡大牲畜、直接经济损失。直接经济损失主要是由农业损失、工矿企业损失、家庭财产损失、公益设施和基础设施损失等方面的物质财产损失构成的。我国其他的一些兼有或专门执行自然灾害管理职能的部门，如农业部、国土资源部、国家林业局、国家防讯抗旱总指挥部、中国地震局、中国气象局以及国家海洋局等，对于自然灾害损失的统计也基本都属于直接的物质资本损失的范围。由于我国民政部门每年公布的自然灾害直接经济损失基本都属于物质资本损失的范畴，因此我们可以推定这一损失统计基本涵盖了我国自然灾害所导致的物质资本损失情况。例如1998 年至 2007 年的 10 年间，我国平均因自然灾害所导致的物质资本损失在 2 110 亿元左右，大约占到同一时期国内生产总值的 1.5%。所以，本书计算物质资本损失的根据就是：

$$L_M = L_{Direct}$$

式中，L_{Direct} 为直接经济损失。

当然，这里面也应该包含一定的自然资本损失的成分，例如部分土地价值损失，以及林业、渔业和采矿业的部分损失。但是由于没有具体的分解数据，我们就不再对其进行拆分。

5.3.1.2 自然资本损失

自然资本包括的范围相当广泛，对于森林、水以及空气资源等价值的核算都是比较困难的。我们这里主要计算灾毁耕地损失、森林灾害损失、草原灾害损失以及部分水资源损失。相关的数据主要来源于国家统计局《中国统计年鉴》和国家环境保护部《中国环境状况公报》。其具体计算方法如下：

$$L_N = L_1 + L_2 + L_3 + L_4$$

式中，L_1：灾毁耕地价值损失；

L_2：森林灾害损失；

L_3：草原灾害损失；

L_4：灾区用水损失。

很显然，我们在这里所计算的自然资本损失的范围远远小于应有的范围，主要原因在于实物量数据的缺乏。对于土地价值损失，我们只计算了耕地遭受的损失，未包括林地和草地；对于森林价值损失，我们也只能通过受灾森林面积比例来推算其中一部分，未包括涵养水源、保育土壤、休闲旅游以及科学和文化历史价值等；对于草原灾害损失，我们主要计算牧草价值损失；而对于水资源和大气环境方面的损失，我们无法测算，仅计算由于灾害导致的用水困难损失。其具体计算方法如下：

$$L_1 = S_1 \times \frac{Q_1 \times P_1}{\rho}$$

式中，S_1：灾毁耕地面积；

Q_1：平均产量；

P_1：平均价格；

ρ：纯时间偏好利率。

根据原国家环境保护总局和国家统计局进行的"中国综合环境与经济核算体系"的研究，我国农田[①]平均经济价值被估计为 1 330 元/亩，即 2 万元/公顷[②]。但是，这里由于环境经济综合核算考虑的是环境污染导致的产出损失，所以它只是一个流量，如果自然灾害导致耕地彻底损毁，那就相当于大自然收回了所有权，我们损失的是全部存量价值。如果假定土地可以永续利用，采用 1.5% 的纯时间偏好利率[③]，那么以 1 330 元产出价值衡量的每公顷土地的存量价值大约是 133 万元。其具体计算方法如下：

$$L_2 = L_{21} + L_{22} = R \times (V_1 + V_2) = S_2/S_F \times (V_1 + V_2)$$

式中，L_{21}：林木价值损失；

---

① 具体的估计方法是：将农田根据种植作物的种类划分为水田、旱田、菜田和经济作物田地四种。土地的经济价值，水田用稻谷的产量与价格计算，旱田以小麦和玉米的产量和价格计算，菜田以蔬菜的产量和价格计算，经济作物田则以花生的产量和价格计算。在计算时，对以上四类农田面积取权重后加总，计算出农田的经济价值系数。根据全国各种农田类型的面积，计算出中国农田平均经济价值。这种方法忽略了土地使用功能的区域差异，因此只能作为参照。

② 於方，等. 中国环境经济核算技术指南［M］. 北京：中国环境科学出版社，2009：110.

③ 这里所指的是一种仅与人们的时间偏好有关的贴现率。事实上，有关"社会贴现"问题一直存在着大量的争议，并时常伴随着伦理和道德原则方面的疑虑。简单来说，过高的贴现率水平，意味着人们偏好眼前的利益，而贴现率过低则又意味着可能扩大"收益"或"损失"。但是，人们总是对眼前和未来同样的收益或损失有着不同的评价，这是事实。所以，我们认为有人提出的不进行贴现，事实上就是使得贴现率为 0，而贴现因子这一权重被赋值为 1，这是更不足取的。正如 Olsen 和 Bailey（1982）曾指出的：零贴现的逻辑含义就是当代人的穷困潦倒。世界银行采用的贴现率水平所依据的是 Pearce 和 Ulph（1999）的观点。更多的有关社会贴现和社会贴现率水平选择问题的讨论和分析，可参见 Koopmans（1965）、Krutilla 和 Fisher（1975）、Olson 和 Bailey（1981）、Weitzman（1994、1998、2001）、Johannesson 和 Johansson（1996）、Pearce 等（2003）、JuZhong Zhuang 等（2007）以及 David Evans 和 Erhun Kula（2009）等的研究。

L_{22} ：生物多样性价值损失；

R ：损毁比例；

V_1 ：林木总价值；

V_2 ：生物多样性总价值；

S_2 ：受灾森林面积；

S_F ：森林总面积。

我们用受灾森林面积占森林总面积的比例来作为损毁比例，森林总面积采用的是 2009 年国家统计局公布的数据，即 17 491 万公顷。林木总价值采用的是世界银行 2000 年进行国民财富核算得到的数据。我国用材林资源（Timber Resource）和非用材林资源[①]（NTFR）的价值分别为 106 美元/每人和 29 美元/每人，统计人口为 1 262 644 992 人，那么据此推算，我国林木总价值约为 1 705 亿美元，约合人民币 14 114 亿元（根据当时的汇率水平按 1 美元兑换 8.28 元人民币计算得到）。另据国内相关研究（张颖，2002），我国森林生物多样性价值为 70 308.42 亿元，假定森林生物多样性价值是平均分布的且受灾森林生物多样性价值全部丧失。其具体计算方法如下：

$L_3 = S_3 \times Q_3 \times P_3$

式中， S_3 ：草原受灾面积；

Q_3 ：平均产草量；

P_3 ：牧草平均价格。

草原受灾面积包括了鼠害、虫害、火灾、雪灾等几个方面的统计。按国家环境保护部门公布的相关数据，通常每公顷草原大约损失牧草 450 千克，每千克通常以 0.20 元的价格计算，则每公顷牧草价值损失约为 90 元。其具体计算方法如下：

$L_4 = Q_4 \times P_4 \times N \times T$

式中， Q_4 ：人均需水量；

P_4 ：水价；

N ：因灾缺水人数；

---

① 《中华人民共和国森林法》第一章第 4 条将森林分为以下 5 类：用材林、经济林、薪炭林、防护林和特种用途林，前 3 种属于商品林，提供有形林产品；后 2 种属于生态林和公益林。

T：缺水持续天数。

自然灾害的发生时常会导致水资源短缺和污染，在此我们利用民政部门灾情统计中"饮水困难人口"指标来作为因灾导致的缺水人数。另外，在 2008 年汶川特大地震灾害之后，水利部明确表示灾区供水保障过渡期工作目标是人均日供水量 20 升以上[①]。我们以此作为人均需水量的参照标准。水价采用的是原国家环境保护总局和国家统计局进行的"中国综合环境与经济核算体系"研究中所采用的价格，城市生活和农村生活用水价格均为 3 元/米[3②]。至于缺水的持续时间也是很难设定的，考虑到一般缺水主要是干旱和污染所致，往往很难在短期内得到缓解，姑且设定为 30 天，这应该不会夸大这部分损失。更何况，我们这里仅仅考虑了人们的生活用水，并未考虑水资源污染以及其他类型用水的影响。

5.3.1.3 人力资本损失

人力资本价值损失主要由两部分构成，一部分是因灾死亡人口所拥有的人力资本价值的损失，另一部分是因灾伤病人口的人力资本价值损失。本书计算人力资本的方法可表示如下：

$$L_H = N_d \times \left[\sum_{n=0}^{24} \left(GDP_0 \times \frac{(1+g)^n}{(1+r)^n} \right) \right] / R_H + N_h \times GDP_0$$

式中，N_d：因灾死亡人口数；

GDP_0：基期人均 GDP；

g：人均 GDP 增长率；

r：折现率；

n：生命余年；

R_H：人力资本收益率；

N_h：因灾伤病人口数。

我们采用人均 GDP 来表示人力资本对于产出和经济增长的贡献，各年死亡人口都采用当年人均 GDP 进行推算。关于人均 GDP 增长率，我们曾分别使用 1952 年以来的数据和 1978 年以来的数据进行

---

① 新华社. 水利部：地震灾区过渡期目标人均日供水量 20 升以上 [EB/OL]. 2008-06-05.http://news.sohu.com/20080605/n257310901.shtml.
② 於方，等. 中国环境经济核算技术指南 [M]. 北京：中国环境科学出版社，2009：67.

指数化趋势模拟。前者得到的增长速度为 9.28%，后者得到的增速为 14.2%，并且后者的解释力更强。考虑可持续性，我们采取一个折中的增速 10%。折现率仍采用世界银行在衡量总财富中曾采用的纯时间偏好利率 1.5%。决定死亡人口的生命余年是困难的，由于没有更为详细的统计资料，我们只好假定为 25 年。由于劳动者对产出的贡献只是人力资本收益的一方面，因此我们采用人力资本收益率来估算劳动者所拥有的人力资本存量的价值。关于人力资本收益率，最为权威的应当是 Psacharopoulos（1985）的研究，他认为在 20 世纪 70 年代，发展中国家的物质资本收益率为 11%，而人力资本收益率为 9%[①]。另一方面，国内学者对于中国教育收益率的研究（如李实、李文彬，1994；诸建芳等，1995）表明，虽然教育收益率存在着递减规律，但我国教育尚不够发达而国民经济正处于蓬勃发展阶段，因此，个人的教育收益率反而出现了一个递增的过程，如应用 1988 年、1994 年和 1999 年数据研究得到的收益率分别为 4.7%、7.8% 和 11.5%。综合考虑，我们决定采用 10% 的收益率水平。最后，因灾伤病人员的人力资本价值损失也是重要的组成部分，但是由于没有具体的数据，在救灾支出中往往也含有救治伤病人员的费用，但无法分解，并且也不知道平均的治疗费用和治疗时间。因此，我们只是简单假定伤病人员当年失去工作能力，从而丧失当年的人均 GDP 贡献。考虑到伤病人员不但可能短暂地丧失工作机会，而且可能会因健康受损或灾后就业环境改变而产生人力资本折旧，如此假定我们认为肯定不会高估这部分人力资本价值损失。

5.3.2　国民财富损失计算结果及分析

按照上述计算方法，我们计算了 1998—2009 年的自然灾害导致的部分国民财富损失的情况。具体结果见表 5-5。另外，图 5-3 则给出了根据计算结果得到的自然灾害国民财富损失平均构成情况。

---

① Carnoy M. 教育经济学百科全书［M］. 闵维方，等，译. 北京：高等教育出版社，2000：30.

表 5-5　　　　　1998 年以来我国自然灾害国民财富损失情况　　　单位：亿元

年份	物质资本	自然资本				人力资本		合　计
		耕地	森林	草地	缺水	死亡人口	伤病人口	
1998	3 007.4	2 121.4	13.2	35.78	0.22	268.4	N	5 446.4
1999	1 962.0	1 795.5	21.1	39.11	0.35	147.7	N	3 965.8
2000	2 045.3	824.6	42.7	38.66	0.49	182.9	30.98	3 165.6
2001	1 942.2	406.9	22.3	89.22	0.67	168.9	24.70	2 655.1
2002	1 717.4	750.1	22.9	111.58	0.27	206.1	10.99	2 819.5
2003	1 884.2	670.3	217.7	59.18	0.44	183.9	35.96	3 051.7
2004	1 602.3	841.9	68.7	70.36	0.35	214.4	73.64	2 871.5
2005	2 042.1	711.6	35.6	51.05	0.42	268.6	107.88	3 217.2
2006	2 528.1	477.5	197.1	33.64	0.71	397.7	109.73	3 744.4
2007	2 363.0	238.1	14.1	50.88	0.54	350.6	N	3 017.2
2008	11 752.0	329.8	25.4	57.39	0.21	15 588.3	N	27 753.1
2009	2 523.7	N	22.3	55.49	N	296.5	N	2 897.9
平均	2 947.5	833.4	58.6	57.7	0.4	1 522.9	56.3	5 476.7

注："N"表示由于未获得某年度该项目原始数据资料而无法得到计算结果。

资料来源：作者根据相关年份的《中国统计年鉴》、《中国民政统计年鉴》、《中国环境状况公报》和《国土资源公报》等的相关数据计算整理。

从我们的计算结果可以发现：

第一，除了物质资本损失以外，自然资本损失和人力资本损失同样不可小觑，而且正如我们已经在计算方法部分说明过的那样，这里的自然资本损失仅仅只是其中的一部分，正如我国"绿色 GDP 核算"结果一样，都还只是"冰山一角"[①]，如近年中国生态破坏和环境污染造成

---

① 关于我国"绿色核算"存在的主要问题，笔者曾撰《绿色 GDP 核算：不怕"难算"，怕"难看"》一文，发表于 2010 年 4 月 9 日《经济学消息报》第 6 版。

的经济损失值约占 GDP 的 14%。据此推算，生态破坏的经济损失1994 年为 4 201.6 亿元，2000 年为 7 000 亿元，其中，包括沙漠化在内的土地沙漠化经济损失约为 4 700 亿元（国家"沙漠化"973 项目报告，2006）。

第二，根据我们的计算结果，在自然资本中耕地损失占了绝对比例，近年来我国强调守住"18 亿亩"红线不无道理，因为它关系着农民生计和国家粮食安全，事关长期的社会经济可持续发展。不过，由于最近几年灾毁耕地数量趋于减少，所以这一部分损失也已呈现逐渐减少的趋势。如图 5-2 所示，在 1998—2007 年的 10 年间，自然资本损失呈现出明显的下降趋势，而物质资本则呈现震荡上升的趋势。

第三，人力资本价值损失同样十分重要，即便我们仅仅依据劳动力对产出和经济增长的贡献推算进而得到的结果，已经占到了整个国民财富损失的三分之一左右。当然，这里要注意的是，我国人口众多而且经济发展水平不高，所以依据人均产出水平推算进而得到的人力资本价值自然也就不高。然而，我们倾向于这样来理解，我国作为遭受自然灾害侵害十分严重的国家，之所以改革开放以来能够保持高速增长，肯定离不开人力资本的贡献，而因灾死亡人口相比历史上的大幅度减少，则使得我们得以保存绝大部分的人力资本存量价值来持续加速推进经济增长与社会发展。随着经济发展日益依赖人力资本投资，对于人力资本的价值损失，无论如何加以重视都不会为过。

第四，从自然灾害国民财富损失的构成情况来看，大部分时候物质财富损失都是主要的，人力资本损失次之。从平均的构成情况来看，物质资本损失比例约占 54%，人力资本损失比例约占 29%，而自然资本损失比例约占 17%（如图 5-3 所示）。相比较而言，这样的局面还是能够"接受"的，因为人力资本投资是个长期的过程，而一些自然资源则是不可再生的，生态环境的破坏也往往需要漫长的时期来恢复平衡。所以，在全面减少自然灾害损失的条件下，更应该将自然资本和人力资本损失的比例降至最低水平。

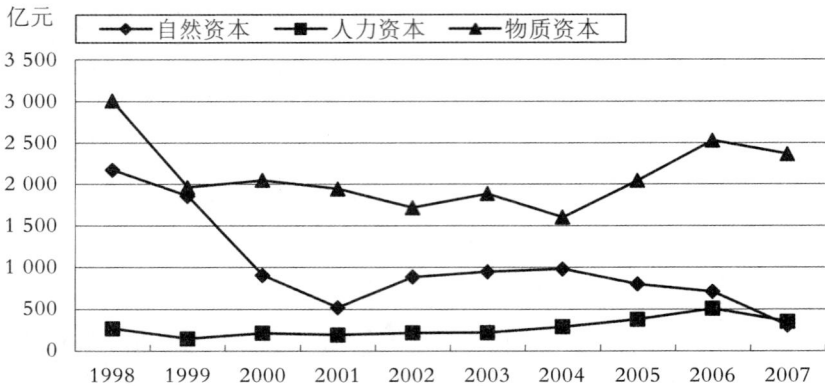

图 5-2 三类自然灾害国民财富损失的变化趋势

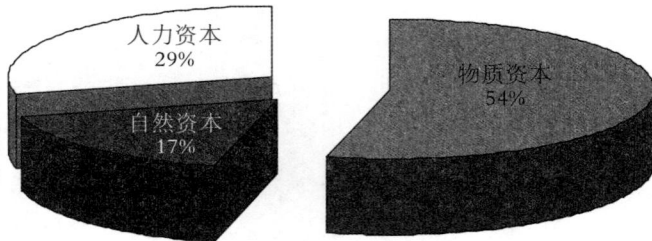

图 5-3 自然灾害国民财富损失的平均构成情况

最后，与仅仅考虑物质资本损失的情况不同的是，根据我们计算的结果，自然灾害国民财富损失占 GDP 比例平均约为 3.22%，但在整体规模上有趋于缩小的态势，如图 5-4 所示。这种发展态势的原因不难理解，主要归功于自然资本和人力资本损失贡献程度的降低，但物质资本损失仍是趋于增长的。另一方面，每年平均大约 5 500 亿元的国民财富损失规模仍然是相当庞大的。例如，2008 年由于汶川特大地震，当年自然灾害所导致的直接经济损失占 GDP 比例约为 3.9%，但我们基于国民财富损失的考察所得到的损失占 GDP 比例则为 9.23%，国民财富损失规模达到了 27 753.11 亿元，是直接经济损失的 2.36 倍。

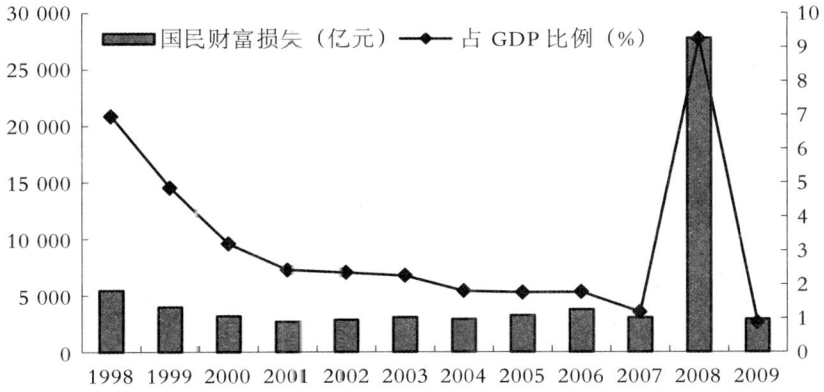

图 5-4　我国自然灾害国民财富损失规模及其占 GDP 比例情况

第6章　我国的自然灾害管理与防灾减灾政策

三年耕，必有一年之食。九年耕，必有三年之食。以三十年之通，虽有凶旱水溢，民无菜色，然后天子食，日举以乐。

——《礼记·王制》

人类始终没有停止影响自然环境。人类改变自然的努力能否达到一种新的活动水平，或者一旦达到又将导向何处，首先取决于制度，其次取决于人类活动的终极目标。

——魏特夫（Wittfogel），1975

从古至今，统治者或官方以及社会大众到底都采取了什么样的政策和措施，来规避自然灾害风险和减少自然灾害损失？其效果究竟如何？又有着怎样的经验与教训？毋庸置疑的是，规避风险和减少损失的具体措施与政策，实际上就体现着人们对于自然灾害损失与影响的理解。同时，我们只有充分了解并掌握过去已有的做法和经验，才能谈得上做出进一步的改进和完善。因此，本章就对我国的自然灾害管理和防灾减灾政策进行回顾与分析，并着重研究新中国成立以来自然灾害管理体制的建设和防灾减灾政策的演进，以及防灾减灾机制的缺陷与不足。

6.1 我国历史上的自然灾害管理

大约没有人会不赞成：中华民族光辉灿烂的五千年文明史事实上也无异于一部与自然灾害的斗争史。在数千年封建的传统农业社会里，广大劳动人民和历代统治者都在不断地积累着与自然灾害搏斗的种种智慧和经验。但是，在漫长的封建社会时期，很显然自然灾害经常要占据绝对"上风"，自然灾害所至，百姓流离失所、饿殍遍野的情形屡见不鲜。直到新中国成立以后，政府励精图治，社会生产力得到解放并取得了飞跃发展，天灾人祸连连的惨烈景象才得到了根本性的改观。

6.1.1 封建中央集权制度背景下的"荒政"

古人由于缺乏对自然界的真正了解，通常将各种自然灾害都视为"天灾"，这充分体现出了人们对于自然灾害的无力感和畏惧之情。另一方面，我国一直都是一个农业国，农业是民众赖以生存的根本，也是历朝历代建立稳固封建统治的基石。自然灾害事件的发生除了瞬间导致的生命财产损失，最大的影响莫过于给农业生产带来的损害和破坏。一旦诸如洪涝、干旱、地震、台风以及病虫害等自然灾害发生，造成大面积的农作物减产或绝收，受灾的百姓往往立即就陷入了生存的困境——饥荒，而封建统治者往往也会因担心民心不稳、社会动荡以及失去赋税来源而倍加关注灾荒问题的解决，是为"荒政"。清人魏禧所撰《救荒策》开篇即指出了："天灾莫过于荒，天灾之可以人事救之，亦莫过于荒[①]。"所以可以说，我国古代的自然灾害管理的历史，其实就是灾荒史，说得更为具体些，就是备荒史和救荒史。

我国古代很早就有救荒活动了，但是由官方组织的面向所有受灾民

[①] 魏禧. 救荒策 [M] //李文海，夏明方. 中国荒政全书第2辑：第一卷. 北京：北京古籍出版社，2003：9.

众的"荒政"则出现得相对较晚一些，至少必须在国家出现之后[①]。由官方所颁布和施行的救济灾荒的法令、制度和措施，才可称为荒政。我国古代最早的有关自然灾害的记载大约可追溯到尧舜时代，如《孟子》中有："当尧之时，天下犹未平；洪水横流，泛滥於天下；草木畅茂，禽兽繁殖，五谷不登；禽兽逼人，兽蹄鸟迹之道，交於中国。尧独忧之，举舜而敷治焉[②]。"而作为中华文化开端的大禹治水，无疑应当属于最早的救荒活动之列。最早记载荒政思想的非《周礼》[③]莫属，"《周礼·大司徒》以荒政十有二聚万民：一曰散利（贷种食也），二曰薄征（轻赋税也），三曰缓刑（省刑罚也），四曰弛力（息徭役也），五曰舍禁（山泽无禁也），六曰去几（去关防之几，察使百货流通），七曰眚礼（杀吉礼也），八曰杀哀（节凶利也），九曰蕃乐（谓闭藏乐器而不作），十曰多昏（多婚配则男女得以相保），十有一曰索鬼神（求废祀而修之也），十二曰除盗贼（安良民也）[④]。"此"十有二荒政"所概括的救荒措施应该说已经相当丰富了，涵盖了经济政策和行政措施乃至文化礼仪等多个方面，无不告诫世人应当在灾荒之年实行轻徭薄赋、休养生息的政策，而如"薄征、去几、舍禁、弛力、缓刑"等蠲缓思想更是开了后世蠲免政策的先河。事实上，这也应当是对此前两千多年（即战国以前）宝贵历史经验的总结。

自秦汉始，随着一整套封建君主专制中央集权政治制度的建立与巩固，我国历代封建王朝为了巩固其统治，无不把实行"荒政"视为重要的国家职能，并逐步走向了程序化和制度化。我国古代荒政的发展也大体上遵循了封建中央集权制度的发展轨迹。

大体上来说，秦汉时期至魏晋南北朝的八百年间，是我国古代荒政逐步形成并得以初步发展的时期。如据说早在秦朝，就已经有了报灾勘灾制度，这应当是我国历史上最早的报灾勘灾制度，主要包括了旱、

---

① 李向军. 试论中国古代荒政的产生与发展历程 [J]. 中国社会经济史研究，1994（2）：7-13.
② 见《孟子·腾文公上》。
③ 儒家经典，相传为西周周公旦所著，但关于《周礼》的成书年代素有争论，目前多数学者认为约作于战国后期。
④ 李侨农. 荒政摘要 [M] //李文海，夏明方. 中国荒政全书第 2 辑：第四卷. 北京：北京古籍出版社，2003：510.

涝、风、虫灾，这与现代农业自然灾害的报灾项目已十分接近①。对灾民进行转移和安置也有记载，如汉高祖二年（前205年）六月，"关中大饥，米斛万钱，人相食。令民就食蜀、汉②。"又如，元帝二年（前47年），"六月，关东饥，齐地人相食。秋七月，诏曰：'岁比灾害，民有菜色，惨怛于心。已诏吏虚仓廪，开府库振救，赐寒者衣'③。"

到了隋唐和北南两宋这近七百年的时间段内，我国的封建中央集权制度逐步得到了完善和进一步加强，古代荒政制度也逐步完善起来，如隋唐"三省六部"中的"户部"作为政府的主要财经部门就负有与荒政有关的职责，户部下辖有户部、度支、金部、仓部四司，"掌管天下土地、人民、钱谷之政、贡赋之差④"。这其中也还反映了仓储制度的完善，"仓部郎中、员外郎各一人，掌天下军储，出纳租税、禄粮、仓廪之事。以木契百，合诸司出给之数，以义仓、常平仓备凶年，平谷价⑤。"这里的"义仓"为隋朝开皇五年（585年）所设立，而"常平仓"则始自汉代，唐朝初期加以恢复，后来显庆二年（657年）还设置了专门的管理机构——常平署。及至宋朝，依然设有常平仓，如"大中祥符二年（1009年），二月，分遣使臣出常平仓粟麦，于京城四方八开场，减价粜之，以平物价⑥"。

从元朝开始到明清时期的七百多年间，我国的封建中央集权制度走过了一个发展、稳定、强化和衰落的过程，而古代荒政制度和措施也逐渐走向了巅峰时期。在这一时期，封建统治者充分吸取了古代荒政的历史经验，十分重视对灾荒的赈济、蠲免以及兴修水利和发展仓储制度等，如元世祖中统二年（1261年）七月，"甘州饥，给银以赈之⑦"。至元五年（1268年）九月，"益都路饥，以米三十一万八千石赈之⑧"。元朝的"灾免之制"较能反映荒政制度的发达："世祖中统元年，以各处被灾，验实减免科差。四年，以秋旱霜灾，减大名等路税粮。至元三

---

① 孙绍骋. 中国救灾制度研究［M］. 北京：商务印书馆，2005：58.
② 《汉书·高帝纪》。
③ 《汉书·元帝纪》。
④ 《新唐书·百官一》卷五十一，志第三十六。
⑤ 《新唐书·百官一》卷五十一，志第三十六。
⑥ 《宋史·食货志》。
⑦ 《元史·世祖二》，卷第五，本纪第五。
⑧ 《元史·世祖三》，卷第六，本纪第六。

年，以东平等处蚕灾，减其丝料。五年，以益都等路禾损，蠲其差税。七年，南京、河南蝗旱，减差徭十分之六。二十年，以水旱相仍，免江南税粮十分之二。二十四年，免北京饥民差税①。"

元朝末年，政治腐败、赋税繁苛，而自然灾害则在某种程度上加速了元朝的灭亡，如 1344 年黄河三次决口，1358 年北方旱灾导致饥民死亡 20 万人，于是红巾军、方国珍、张士诚等纷纷起义②。最终朱元璋于 1368 年率军攻入大都建立明朝。因此，朱元璋是深知灾荒的社会危害的，所谓"天下无收则民少食，民少食则将变焉，变则天下盗起，虽王纲不约，致使强凌弱、众暴寡，豪杰生焉。自此或君移位，而民更生有之。朕所以切虑三时，虑恐九年之水，七年之旱，民无立命③。"朱元璋当年即下诏："今水旱去处，不拘时限，从实踏勘实灾，税粮即与蠲免④。"可见灾荒制度已日臻完善。明太祖二年（1369 年），朱元璋又表示："今晋、冀平矣，北平、燕南、河东、山西今年田租亦与蠲免。……，应天、太平、镇江、宣城、广德供亿浩穰。去岁蠲租，遇旱惠不及下。其再免诸郡及无为州今年租税⑤。"明朝形成的"例行蠲免"实在是古代荒政思想的进一步发展，但明中叶之后，吏治的腐败逐渐使得明代的荒政措施弊端丛生。

清朝时期的荒政制度已经可以称得上是相当完备了，而且有了更为完整的从报灾、勘灾到赈济、蠲免的一套严格的程序，如"清初定制，凡遇灾蠲，起运存留均减。存留不足，即减起运。顺治初；定被灾八分至十分，免十之三；五分至七分，免二；四分免一。康熙十七年，改为六分免十之一，七分以上免二，九分以上免三。雍正六年，又改十分者免其七，九分免六，八分免四，七分免二，六分免一。然灾情重者，率全行蠲免⑥。"另外，"圣祖、高宗两朝，叠次普免天下钱粮，其因偏灾而颁蠲免之诏，不能悉举。仁宗之世，无普免而多灾蠲，有一灾而免数省者，有一灾而免数年者。文宗以后，国用浩繁，度支不给，然遇疆臣

---

① 《元史·食货四》，志第四十五。
② 王昂生. 中国减灾与可持续发展［M］. 北京：科学出版社，2007：17.
③ 《明太祖集》卷十五。
④ 《续文献通考》卷四十二。
⑤ 《明史·太祖本纪》卷二，本纪第二。
⑥ 《清史稿·食货二》卷一百二十一，志九十六。

奏报灾荒，莫不立予蠲免。若灾出非常，或连年饥馑，辄蠲赈兼施云①。"由此可见清代对于救荒的重视。对备荒救荒意义重大的仓储制度发展至清代，也更加完善了。"其由省会至府、州、县，俱建常平仓，或兼设裕备仓。乡村设社仓，市镇设义仓，东三省设旗仓，近边设营仓，濒海设盐义仓，或以便民，或以给军②。"

然而，尽管荒政制度日趋周密，至清代中后期，由于财政经济状况的逐步恶化，以及吏治的腐败，使得烦琐细致的荒政日渐衰败，直至有名无实。正如林则徐对当时时政的喟叹："从前乾隆、嘉庆年间，捏灾冒赈之案，无不尽法处置。而今数十年来，各省督抚未有参劾及此者，岂今之州县胜于前人乎？③'

6.1.2　对我国古代荒政思想与荒政措施的评价

荒政思想是古人救荒活动中的理论结晶，同时又是救荒活动的理论武器，对救荒活动具有特定的指导意义④。邓云特在《中国救荒史》⑤中对我国历史上历代救荒思想进行了很好的总结和归纳⑥，他的观点已经得到了广泛的认同，并被广泛地引用。邓云特将历代救荒思想归纳为三类："天命主义的禳弭论""消极救济论""积极预防论"。所谓"天命主义的禳弭论"指的是在社会生产力不发达条件下，人们主要受自然力量的支配，自然灾害的发生往往被视为"天帝"的决定，想要免除灾害，就必须向上天祈求宽恕，如"巫术救荒"。"消极救济论"和"积极预防论"其实都是"由事实的逼迫而产生"的"较切实际的各种救荒议论"。具体地，"消极救济论"包括"遇灾治标"和"灾后补救"两个方面。"遇灾治标"主要指赈济、调粟、养恤和除害等荒政思想；"灾后补救"则主要包括安辑、蠲缓、放贷和节约等思想。"积极预防论"则指"改良社会条件"，如重农和仓储思想，以及"改良自然条件"，如水利

① 《清史稿·食货二》卷一百二十一，志九十六。
② 《清史稿·食货二》卷一百二十一，志九十六。
③ 谷文峰，郭文佳. 清代荒政弊端初探 [J]. 黄海学刊：社会科学版，1992（4）：58-64.
④ 邵永忠. 二十世纪以来荒政史研究综述 [J]. 中国史研究动态，2004（3）：2-10.
⑤ 邓云特. 中国救荒史 [M]. 北京：商务印书馆，1993.
⑥ 邓云特所用的"救荒"其实包括"备荒"和"救荒"，用他自己的话说就是指"人们为防止或挽救因灾害而招致社会物质生活破坏的一切防护性活动"（夏明方，2010）。

和林垦思想。将上述思想付诸实际行动，则即成为具体的我国古代荒政政策和措施，即赈济、调粟、养恤、除害、安辑、蠲缓、放贷、节约、重农、仓储、水利、林垦。

综观我国历代源远流长且内容丰富的荒政思想和荒政措施，其中包含了数千年来古人防范自然灾害风险和应对自然灾害事件的知识与智慧，当然也更有许许多多值得我们汲取的经验与教训：

第一，古代荒政思想与荒政措施的产生与发展，是同当时的社会生产力发展水平相适应的，并且主要是为封建统治者巩固其封建统治服务的。这就意味着，囿于历史和时代的局限性，在封建君主专制的中央集权制度背景之下，统治者重视和实行荒政的根本目的在于维护其统治利益，而非劳动人民的切身利益。这就是说，荒政政策的制定、执行，以及施行到怎样的程度和评判的标准，都是由统治者自己来决定的。因此，荒政措施无疑是"不能和仁慈混为一谈的工作上的需要"。因为"治水国家是一个管理性质的国家，它的一些工作的确对人民是有利的。但是由于统治者依靠这些来维持他们的地位和繁荣，很难认为他们的政策是仁慈的。"（魏特夫，1957）正是由于古代荒政思想与荒政措施强调的是封建统治阶级的利益，所以才会导致一旦统治者为了自身更大的利益需要，如为了领土主权以及争夺王权而进行的战争，或者注意力发生了转向，即便是百姓深陷于灾荒也不会得到统治者的任何眷顾。

另外，在封建小农经济极为落后的生产力条件下，人们也很难真正地认识并了解自然灾害。由于根本不懂得自然灾害发生的基本原理，以及社会经济活动与自然灾害之间的互动关系，从而使得人们从预防到应对自然灾害都缺乏足够的知识和有效的力量，历代自然灾害也就非常容易导致极大的人口伤亡和财物损失，甚至是"赤地千里""人相食"的悲惨景象。也正因此，禳弭思想才会在古代乃至今时今日都一直存在着。

第二，古代荒政中的救灾救济措施与积极预防思想，为今人提供了自然灾害防灾减灾智慧的源泉。无论是积极防灾还是被动救灾，都是不以任何历史条件和社会环境为转移的问题。例如赈济、调粟、安辑等措施，就是在任何时代背景之下都可以而且也应当采取的应急措施。重农思想就更值得我们任何时代的人去学习和传承，因为农业始终都是国民经济与社会发展的基础性产业，"无农则不稳"。仓储后备思想当然就更不能丢弃，正所谓："国无九年之蓄，曰不足；无六年之蓄，曰急；无三年之蓄，曰国非其国也①。"

就我国古代的治水工程而言，虽然很多水利工程的兴修都是出于军事上或政治上的需要，如春秋时期吴国为了在战争中运输兵马和粮草而修的沟通江淮的邗沟、东汉连缀河北诸水的五渠，以及后来隋唐时期兴修的运河等等，但往往也都对水旱灾害的预防起到了积极的作用，而在这一过程中也积累了大量的治水经验。正如《元史》中所记载的那样："水为中国患，尚矣。知其所以为患，则知其所以为利，因其患之不可测而能先事而为之备，或后事而有其功，斯可谓善治水而能通其利者也。……夫润下，水之性也，而欲为之防，以杀其怒，遏其冲，不亦甚难矣哉。惟能因其势而导之，可蓄则储水以备旱暵之灾，可泄则泻水以防水潦之溢，则水之患息，而于是盖有无穷之利焉②。"

第三，古代荒政制度与政策的兴衰也表明荒政的有效施行，必须要以设计合理的政策和有效的贯彻与执行为前提条件。以清代荒政为例，政策的烦琐和吏治的腐败就是荒政政策走向衰败的两个重要原因。以清代的蠲免和赈济政策来说，如何核定受灾的程度就是一个关键问题，因为它无疑是蠲免和赈济的重要依据。又如"扣除灾户钱粮，应按实被灾田数目验算。应蠲立缓，于额征册内分注扣除。其未被灾田钱粮，不应统扣蠲缓，此乃理所最易明者③。"但这些规定实际操作起来的难度可想而知，如果容易的话就只能说是执行者的不负责任。这也就是说，即便有了设计极为合理的政策和具体措施，还必须要有可靠的人来积极地予以执行。愈是比较复杂的制度与政策设计，其各个环节的执行以及相互衔接自然就愈是重要，而一旦有某些官吏办事草率或效率极为低下，则必然使得合理政策的效果大打折扣。如果官吏腐败甚至以捏灾冒赈、挪用贪污等方式来中饱私囊，那么荒政政策的有名无实也就是必然的了。

---

① 《礼记·王制》。
② 《元史·河渠一》志第十六。
③ 汪志伊. 荒政辑要 [M] // 李文海，夏明方. 中国荒政全书第 2 辑：第二卷. 北京：北京古籍出版社，2003：569.

实际上，以自然灾害损失评估为核心，包括灾害预防措施、救济标准、救灾资金的规范使用等等，都仍然是现代自然灾害防灾减灾政策的核心问题。因此，我国古代荒政制度与政策的成功和失败两个方面的经验与教训，肯定都是值得现代社会中的人们去批判吸收和引之以为戒的。

6.2　新中国成立以来的自然灾害管理

走过半殖民地半封建社会的中国人民，在经历了晚清的腐败无能、列强入侵、民国的兵祸战乱、赶走了日本法西斯、取得解放战争的胜利之后，终于迎来了新中国的成立。在这个过程中，自然灾害与战争时常交织在一起，百姓苦不堪言。正如孟子所云："争地以战，杀人盈野；争城以战，杀人盈城。"（《孟子·离娄》）"农业既已破坏，农民经济既已破产，一旦遇到天灾，便更加一发不可收拾[①]。"在"民国九年至二十五年的 16 年中，农村人口丧失于灾荒的，又达 1 800 余万[②]"。像陕西"民国十八年年馑"这样的大灾难，导致了全省 200 多万人活活饿死，200 多万人流离失所，800 多万人以树皮、草根、观音土苟延生命于奄奄一息[③]。面对旧中国的满目疮痍，新中国成立伊始，中国共产党和人民政府就把救灾工作提上了重要议事日程，并制定了"节约防灾，生产自救，群众互助，以工代赈"的救灾工作方针。自此以后，我国政府高度重视自然灾害防灾减灾事业，党和国家领导着全国人民开展了大规模的大江大河治理以及防洪、抗旱和抗震等工作，大大减少了自然灾害所导致的人民群众的生命和财产损失，从而有力促进了我国的经济发展与社会稳定。

6.2.1　基本领导体制与工作方针和政策

新中国成立 60 年以来，我国的自然灾害管理与防灾减灾事业的发展，从起步到快速发展，再到大力推进这三个阶段，呈现出了一个加速的过程：起步阶段用了 30 年，快速发展阶段用了 20 年，而目前所处的

---

①　邓拓. 中国救荒史//邓拓文集：第 2 卷 [M]. 北京：北京出版社，1986：81.
②　邓拓. 中国救荒史//邓拓文集：第 2 卷 [M]. 北京：北京出版社，1986：126.
③　宗鸣安. 一场饿死二百万人的大灾荒 [J]. 中国减灾，2009（1）：51-52.

大力推进阶段则刚刚开始了 10 年多的时间。

第一阶段（1949—1978 年）：从新中国成立到改革开放——艰难起步。

新中国成立之初，我国就确立了统一的救灾领导体制，成立了"中央救灾委员会"，统一领导、组织和协调自然灾害救助事务。1949 年，全国各地旱、冻、虫、风、雹、水灾相继发生，尤其以水灾最为严重，被淹耕地约有 666.67 万公顷，减产粮食达 60 亿千克，灾民约 4 000 万人。针对这种情况，12 月 16 日，中央人民政府政务院通过《关于生产救灾的指示》，12 月 19 日该指示正式发布（国家档案局，2009）。《关于生产救灾的指示》要求，"灾区的各级人民政府及人民团体要把生产救灾作为工作的中心。……各级人民政府须组织生产救灾委员会，包括民政、财政、工业、农业、贸易、合作、卫生等部门及人民团体代表，由各级人民政府首长直接领导，务使工作进行领导集中、得到配合、增加效率。灾区的各级人民代表会议或人民代表大会要以生产救灾为讨论的中心问题，决定后即通过代表进行动员和组织人民的工作。全体干部对生产救灾要有高度的热忱、极细密的方法与极深入的工作……"1950 年 2 月 27 日，中央救灾委员会成立，由董必武担任救灾委员会主任，薄一波、谢觉哉等为副主任。同时颁布的《中央救灾委员会组织简则》明确地规定了灾害管理工作的工作任务，日常工作由内务部负责[1]。董必武在大会上，对 1949 年内务部所提出的救灾工作方针进行了补充，改为"生产自救，节约度荒，群众互助，以工代赈，辅之以必要的救济"，从而更加体现出了政府的救灾义务和责任。在经过了大约 3 年的救灾工作努力之后，国家就"扭转了遇灾无人管要饿死人的历史，同时也使灾荒面逐渐减少，灾荒程度逐渐减轻[2]"。

在 1953 年 11 月的第二次全国民政会议上，政府的救灾工作方针又被进一步修改为"生产自救，节约度荒，群众互助并辅以政府必要救济"。这一修改，既体现了国家经济经过 4 年建设已有较大发展和进步，能够对灾区和灾民实施较大比例的救助，同时也是对救灾工作实践

---

[1] 国家减灾委员会办公室. 中国自然灾害管理体制和政策［M］. 北京：中国社会出版社，2006：13.
[2] 详见 1952 年 5 月 14 日《内务部关于生产救灾工作领导方法的几项指示》。

的总结[①]。在我国完成社会主义改造，实现集体化以后，1963 年 9 月中共中央和国务院共同发布了《中共中央、国务院关于生产救灾工作的决定》，该决定指出："依靠群众，依靠集体力量，生产自救为主，辅之以国家必要的救济，这是救灾工作历来采取的根本方针。这个方针的要点有二：一是充分发动群众。群众发动起来，救灾度荒的力量大，办法多。靠群众，靠集体经济组织，自力更生，节约度荒，而不是单纯依赖国家救济。二是救灾要从积极方面着手，首先抓生产。发展生产，增加收入，就更有力量渡过灾荒。救济也要与扶持灾区生产相结合，使救济粮款发挥更积极的作用，而不是单纯的救济。"

由于对自然灾害及其影响的认识不足，我国曾于 20 世纪 50 年代末提出了短时期消灭自然灾害的观点，1958 年中央救灾委员会被撤销，各地的生产救灾机构也同时被撤销或合并了。自此，群众和集体开始承担救灾的主要责任。在"文化大革命"期间，由于内务部一度被撤销，政府的救灾工作职能便被分散到多个部门，从而使其受到了极大的影响。在这一时期，救灾工作都是由党中央和国务院直接领导的。凡是遇到大灾，如 1960 年前后的大灾荒以及 1964 年的大洪水，尤其是 1976 年的唐山大地震，都是由党中央、国务院直接决策，调动全社会的力量来从事救灾工作[②]。

第二阶段（1978—1998 年）：从民政部成立到"减灾规划"出台——快速发展。

1978 年 3 月，经第五届全国人民代表大会第一次会议决定，中华人民共和国民政部成立，并设立了农村社会救济司主管全国农村救灾工作。但是，全国抗灾救灾工作的组织协调仍由中央农业委员会负责，农委撤销以后，这一任务又归由国家经委农业局负责。直到 1988 年中央国家机关机构改革，国家经济委员会被撤销，综合协调全国抗灾救灾工作的任务则划归国家计划委员会的安全生产调度局。在此期间，1983 年第八次全国民政会议将救灾工作方针修改为："依靠群众，依靠集体，生产自救，互助互济，辅之以国家必要的救济和扶

---

① 李全茂. 与时俱进的救灾工作方针 [J]. 中国民政，2008（2）：38-39.
② 左玮娜. 60 年一己丑：减灾救灾导入全民时代 [N/OL]. (2009-09-14). http://cbzs.mac.gov.cn.

持。"（民政部民办〔1983〕43 号文件）。其中所增加的"扶持"应该体现了政府对于救灾工作的认识的深入，也就是说，不仅要有灾害发生后短期的救助，还应当从长远发展的角度来对灾区和受灾的民众进行必要的扶持。

1989 年 4 月，为了响应第 42 届联合国大会第 169 号决议所确定的，1990—2000 年为国家减轻自然灾害十年的倡议，我国政府成立了"中国国际减灾十年委员会"。该委员会是国家级的减灾领域内的部际协调机构，由国务院副总理田纪云任主任，委员由民政部、外交部、国家计委、国家科委、国防科工委、国家教委、公安部、经贸部、财政部、建设部等 28 个成员单位的负责人担任。其办公机构设在民政部，主要职责是负责制定中国国际减灾十年活动的方针政策、行动计划和减灾规划，组织和协调有关部门、群众团体和新闻机构共同开展国际减灾十年活动，并指导地方政府开展减灾工作。同年 9 月，《国务院批转国家计委〈关于加强和改进全国抗灾救灾工作的报告〉的通知》要求："各省、自治区、直辖市人民政府要安排固定人员，灾害频繁地区在不增加人员编制的前提下，根据需要可在办公厅（室）内设置抗灾救灾办公室，负责协调监督做好抗灾救灾工作，建立同国务院有关部门的信息渠道，及时沟通、交流抗灾救灾方面的信息。"

在 1989 年国家机关机构改革之后，全国包含救灾业务的机构设置情况大致是这样的[1]：国家计委安全生产调度局，负责组织协调全国抗灾救灾工作，并对涉及三个部门以上的救灾问题负责牵头处理。民政部救灾救济司主管全国农村的救灾工作，研究并制定有关的方针和政策，并检查监督执行情况。同时还包括管理发放救灾款物，开展农村救灾保险试点和接受国际救灾援助。国家地震局的震害防御司负责组织研制和推广生命工程防震和震后救灾技术，并参与水库地震、工程地震以及防震救灾管理工作。1998 年中央国家机关机构改革之后，民政部再次进行了职能调整，原来由国家经济贸易委员会承担的组织协调抗灾救灾的职能又被交给民政部，之后民政部的主要职责之一就

---

[1]　孙绍骋. 中国救灾制度研究［M］. 北京：商务印书馆，2004：151.

是："组织、协调救灾工作；组织核查灾情，统一发布灾情，管理、分配中央救灾款物并监督使用；组织、指导救灾捐赠；承担中国国际减灾十年委员会日常工作，拟定并组织实施减灾规划，开展国际减灾合作[①]。"

1998 年 4 月，由"中国国际减灾十年委员会"负责起草的《中华人民共和国减灾规划（1998—2010 年）》经国务院批准。该规划明确了我国减灾工作的指导方针共有六条：为国民经济和社会发展服务；坚持以防为主，防抗救相结合；把握全局，突出重点；充分发挥科学技术和教育在减灾中的作用；调动一切积极因素；加强减灾国际交流与合作。

第三阶段（1998—）：党政统一领导，部门分工负责，灾害分级管理——大力推进。

在 2000 年国际减灾十年活动结束以后，国务院办公厅于 2000 年 10 月 11 日发布《国务院办公厅关于"中国国际减灾十年委员会"更名为"中国国际减灾委员会"的通知》（国办发〔2000〕68 号）。该通知指出：根据我国开展减灾工作的需要和联合国有关决议的精神，国务院决定将"中国国际减灾十年委员会"更名为"中国国际减灾委员会"。其主要任务是：研究制定国家减灾工作的方针、政策和规划，协调开展重大减灾活动，指导地方开展减灾工作，推进减灾国际交流与合作。后来，2005 年 1 月，"中国国际减灾委员会"更名为"国家减灾委员会"（国办发〔2005〕23 号），并成立了专家委员会。一些地方也设立了减灾综合协调机构，有 8 个省份成立了减灾委，15 个省份成立了职能相近的救灾协调机构。我国的减灾管理体制、政策咨询支持体系和综合协调机制日益完善。

在经过了多年的实践、探索与改革之后，最终形成了我国目前的自然灾害管理的基本领导体制，即：党政统一领导，部门分工负责，灾害分级管理。在灾害管理的过程中，党中央、国务院统揽全局、总体指挥，地方各级党委和政府统一领导，各有关职能部门分工负责，

---

① 《国务院办公厅关于印发民政部职能配置内设机构和人员编制规定的通知》，1998 年 6 月 17 日，国办发〔1998〕60 号。

强调地方灾害管理主体责任的落实，注重中国人民解放军指战员、武警官兵、公安干警和民兵预备役部队突击队作用的发挥。实行各级党委和政府统一领导的灾害管理体制，是我国多年成功的救灾经验，可以充分发挥我国的政治和组织优势，明确各级党政领导的责任，最有效地全面协调辖区内的各种救灾力量和资源，形成救灾的合力。就我国自然灾害管理的综合协调机制而言，目前，在国务院统一领导下，中央层面上设立有国家减灾委员会和全国抗灾救灾综合协调办公室等机构，负责自然灾害救助的协调和组织工作。这些协调机构既为中央灾害管理提供决策服务，又保证了中央灾害管理的决策能够在各个部门得到及时落实①。

2007 年 8 月，国务院办公厅印发《国家综合减灾"十一五"规划》。该规划是依据《中华人民共和国国民经济和社会发展第十一个五年规划纲要》以及有关法律法规，并在对《中华人民共和国减灾规划（1998—2010 年）》实施情况进行总结评估的基础上制定的。其将我国减灾工作的指导思想表述为："全面落实科学发展观，按照以人为本、构建社会主义和谐社会的要求，统筹考虑各类自然灾害和减灾工作各个方面，充分利用各地区、各部门、各行业减灾资源，综合运用行政、法律、科技、市场等多种手段，建立健全综合减灾管理体制和运行机制，着力加强灾害监测预警、防灾备灾、应急处置、灾害救助、恢复重建等能力建设，扎实推进减灾工作由减轻灾害损失向减轻灾害风险转变，全面提高综合减灾能力和风险管理水平，切实保障人民群众生命财产安全，促进经济社会全面协调可持续发展。"减灾工作的基本原则是："政府主导、分级管理、社会参与；以防为主，防抗救相结合；各负其责，区域和部门协作减灾；减轻灾害风险与经济社会可持续发展相协调。"

6.2.2　防灾减灾的基本法制建设

自然灾害防灾减灾事业关系到国计与民生，防灾、减灾和救灾

---

① 李学举. 我国的自然灾害与灾害管理 [J]. 中国减灾，2004（6）：6-8.

工作的系统开展必然需要以相应的法律法规体系作为行动的基本依据。在新中国成立初期，由于国民经济与科技基础薄弱，以及对自然灾害的认识不足等多种原因，我国的防灾减灾法律制度建设进程较为缓慢。在面临各种自然灾害的时候，大多是由党中央和国务院通过直接做出"意见"、"指示"和"决定"等方式，来领导和部署防灾救灾的各方面工作，内容涉及防灾备荒、灾害救济、灾情统计、灾民安置、救灾募捐以及救灾款物方法、使用与管理等多个方面。此后，"文化大革命"时期，我国的救灾工作基本处于停滞状态，防灾减灾法律制度建设也就成为空白。自1978年党的十一届三中全会召开以后，我国的防灾减灾事业进入到了一个全新的发展阶段，防灾减灾法律制度建设也很快取得了快速的进展。在恢复之前有关防灾减灾法律制度的基础上，政府很快着手加快推进了我国防灾减灾法制建设的进程。

1994年3月25日，国务院第16次常务会议讨论并通过了由原国家计委和原国家科委牵头编制的《中国21世纪议程——中国21世纪人口、环境与发展白皮书》，其中第17章分别从"提高对自然灾害的管理水平"、"加强防灾减灾体系建设，减轻自然灾害损失"和"减少人为因素诱发、加重的自然灾害"三个方面专门讨论了我国的"防灾减灾"问题。该文件指出："灾害管理水平的提高有赖于灾害管理体制的健全。中国现有的防灾减灾体系是在经济不发达、技术起点低的困难条件下形成的。与发达国家相比，我国对自然灾害的综合管理水平还有较大差距，灾害管理法制尚不健全，尚缺乏防灾的总体规划，灾害管理体系与制度建设，以及协调运作机制均有必要加强。"因此，要"制定综合的灾害管理基本法，洪水、地震等重大灾害的灾害管理法，部分配套法规，加强地方减灾立法等，同时加强执法队伍建设"。

20世纪80年代以来，我国政府已经颁布并实施了一系列防灾减灾方面的法律法规，如《中华人民共和国突发事件应对法》(2007)、《中华人民共和国水土保持法》(1991)、《中华人民共和国防震减灾法》(1997)、《中华人民共和国水法》(2002)、《中华人民共和国防洪法》

（1997）、《中华人民共和国防沙治沙法》（2001）、《中华人民共和国气象法》（1999）、《中华人民共和国森林法》（1998）、《中华人民共和国草原法》（2002）、《中华人民共和国水污染防治法》（1996）、《中华人民共和国环境保护法》（1989）、《中华人民共和国公益事业捐赠法》（1999）、《中华人民共和国环境噪声污染防治法》、《中华人民共和国固体废物污染环境防治法》、《中华人民共和国海洋环境保护法》、《中华人民共和国消防法》，以及《中华人民共和国抗旱条例》、《中华人民共和国水文条例》、《中华人民共和国防汛条例》、《森林防火条例》、《草原防火条例》、《重大动物疫情应急条例》、《森林病虫害防治条例》、《地质灾害防治条例》、《破坏性地震应急条例》、《水库大坝安全管理条例》、《人工影响天气条例》等 30 多部防灾减灾或者与防灾减灾紧密相关的法律、法规。

2010 年 1 月 20 日，为了加强气象灾害的防御，避免、减轻气象灾害造成的损失，保障人民生命财产安全，国务院第 98 次常务会议又通过了《气象灾害防御条例》，并于 2010 年 4 月 1 日开始付诸施行。这是我国第一部规范气象灾害防御工作的综合性行政法规。2010 年 7 月 8 日，国务院 577 号令公布了《自然灾害救助条例》，该条例于 2010 年 9 月 1 日正式施行。其从法律上肯定了灾害救助工作多年来形成的工作原则、制度、方法，确立了灾害救助工作在国家应急法律体系中的地位，使灾害救助工作进入依法行政的历史发展新阶段（民发〔2010〕121 号）。

另一方面，为了更好地应对自然灾害等突发事件，减少人民群众的生命和财产损失，我国目前也已经建立起了全国性的应急预案体系，包括国家总体应急预案、国家专项应急预案、国务院部门应急预案以及地方性各级应急预案在内目前大约共有 240 万件。应急预案就是面对突发事件如自然灾害、重特大事故、环境公害及人为破坏的应急管理、指挥、救援计划等。它一般建立在综合防灾规划上。其几大重要子系统为：完善的应急组织管理指挥系统；强有力的应急工程救援保障体系；综合协调、应对自如的相互支持系统；充分备灾的保障供应体系；体现综合救援的应急队伍等。目前，全国应急预案体系包括国家突发公共事件总体应急预案 1 件，国家专项预案 28 件（绝大部分都与自然灾害直接或紧密相关），国务院各部门预案 86 件，以及各级地方政府应急预案、企事业单位应急预案和举办大型活动应急预案等多层次、多种类预案总计 240 多万件，基本建立了横向到边、纵向到底的预案体系。

6.2.3 灾害管理部门与灾情信息管理

我国自然灾害管理的主要责任划分情况可以用表 6-1 来表示。我国负有自然灾害管理职能的部门比较多，在党中央和国务院的统一领导下，各部门主要依据灾害种类自身职能来进行分工负责。例如，农业部、水利部、国家林业局、中国气象局、中国地震局、国土资源部、国家环保总局、国家发改委、民政部、财政部、科学技术部、建设部、外交部以及国家核安全局等。其中许多部门有其自身的地方各级下属单位，从而形成了从中央到地方的垂直管理系统。

表 6-1 　　　　　　　　**中国自然灾害责任机构**

职责灾害类型	责任者
总领导、协调	国务院
地震	国务院抗震救灾指挥部、地震局、建设部、民政部、地方政府
洪水、干旱	国家防汛抗旱总指挥部、水利部、气象局、民政部、地方政府
滑坡、泥石流、地面沉降	国土资源部、民政部、地方政府
风暴潮、台风、赤潮、海冰	国家海洋局、民政部、地方政府
雪灾、暴雨、风灾	中国气象局、民政部、地方政府
农业病虫害、森林火灾和病虫害	农业部、林业部、地方政府

资料来源：国家减灾委办公室. 灾害管理的国际比较 [M]. 北京：中国社会出版社，2009：67.

对这些部门也可以按照指挥、协调和辅助的职责来进行分类[1]：一是减灾决策指挥机构，当灾害发生以后，由各级行政首长亲自负责抗灾救灾指挥工作。常设性的减灾指挥机构如国家防汛抗旱总指挥部（设在水利部）和国家森林防火总指挥部（设在林业局）。临时性的减灾决策指挥机构主要是为了对付突发性或全国性的重大灾害，由中央政府或地方政府有关部门会同驻军、武警部队负责任人组成的临时性的指挥机构，如 2008 年，为应对低温雨雪冰冻灾害和四川汶川特大地震两次巨灾，国务院先后成立了煤电油运和抢险抗灾应急指挥中心、国务院抗震救灾总指挥部，分别下设 6 个指挥部和 9 个工作组，共有 46 个部门和单位参加，各成员单位和灾区各级政府均成立了灾害应对领导机构，迅速形成了纵向贯通、横向协调、军地协作、全民动员的应急处置机制[2]，另外也有某些部门或行业设立的减灾指挥机构。二是灾害管理综合协调组织，目前就是办公机构设在民政部的国家减灾委员会。三是辅助救灾部门，主要是政府系统内的部分职能机构，由于它们自身的技术专长、业务范围、资源设备和队伍，而承担防灾减灾中的特殊任务，如铁路、航运、交通、邮电、商业、物资、卫生、财政、公安、红十字会、银行、保险公司和审计部门等。

从上述对我国自然灾害管理部门，尤其是国家防汛抗旱和国家森林防火组织机构情况（如图 6-1、图 6-2 所示）的简要介绍完全可以看出，防灾减灾行动总是要涉及不同的部门、行业和地区及各个层面，因此灾害管理信息的有效传送成为自然灾害管理决策成败的关键。目前我国主要灾害管理部门之间已经建立起了重大自然灾害会商制度、文件交换，以及依托于远程通信网络进行信息交换等主要的信息沟通渠道（王昂生，2007）。我国主要自然灾害管理部门的职能分工和灾情信息管理的情况可用表 6-2 简要地加以汇总。

---

[1] 王昂生. 中国减灾与可持续发展 [M]. 北京：科学出版社，2007：421.
[2] 民政部. 2008 年自然灾害应对工作评估分析报告 [EB/OL]. (2009-09-23). http://www.mca.gov.cn/article/zwgk/mzyw/200909/20090900038648.shtml.

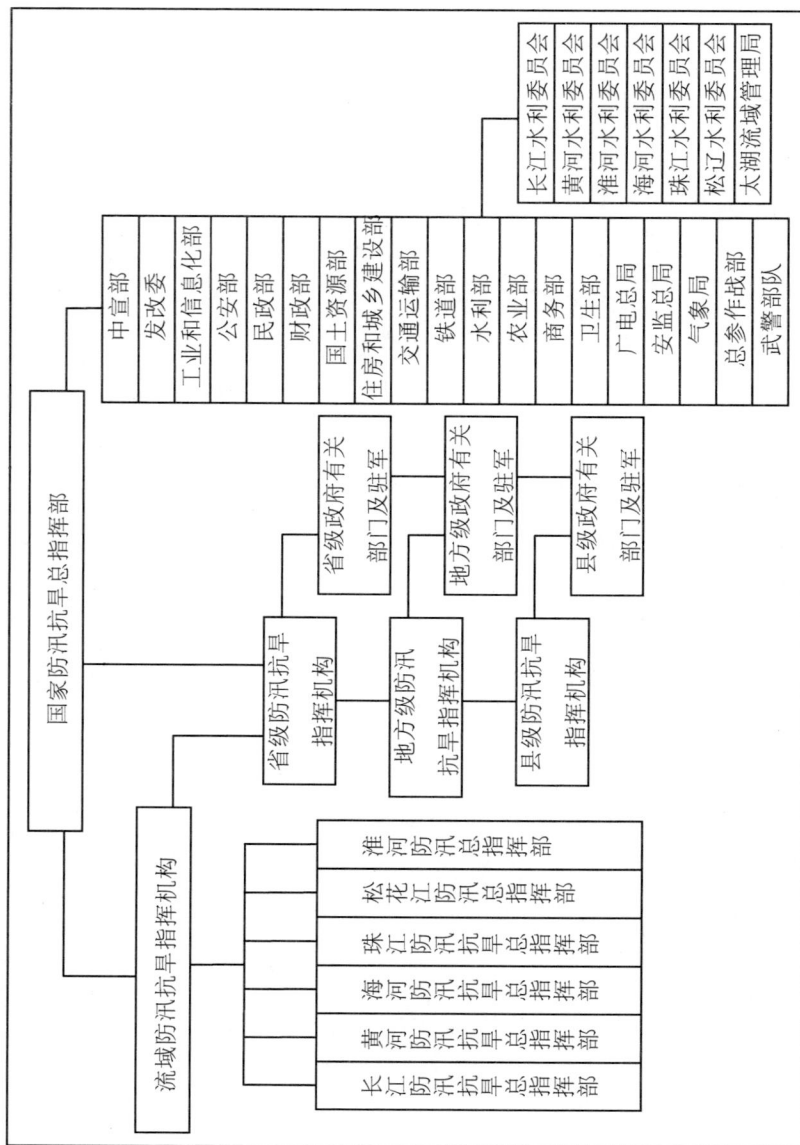

图 6-1 中国防汛抗旱组织机构图（水利部，2010）

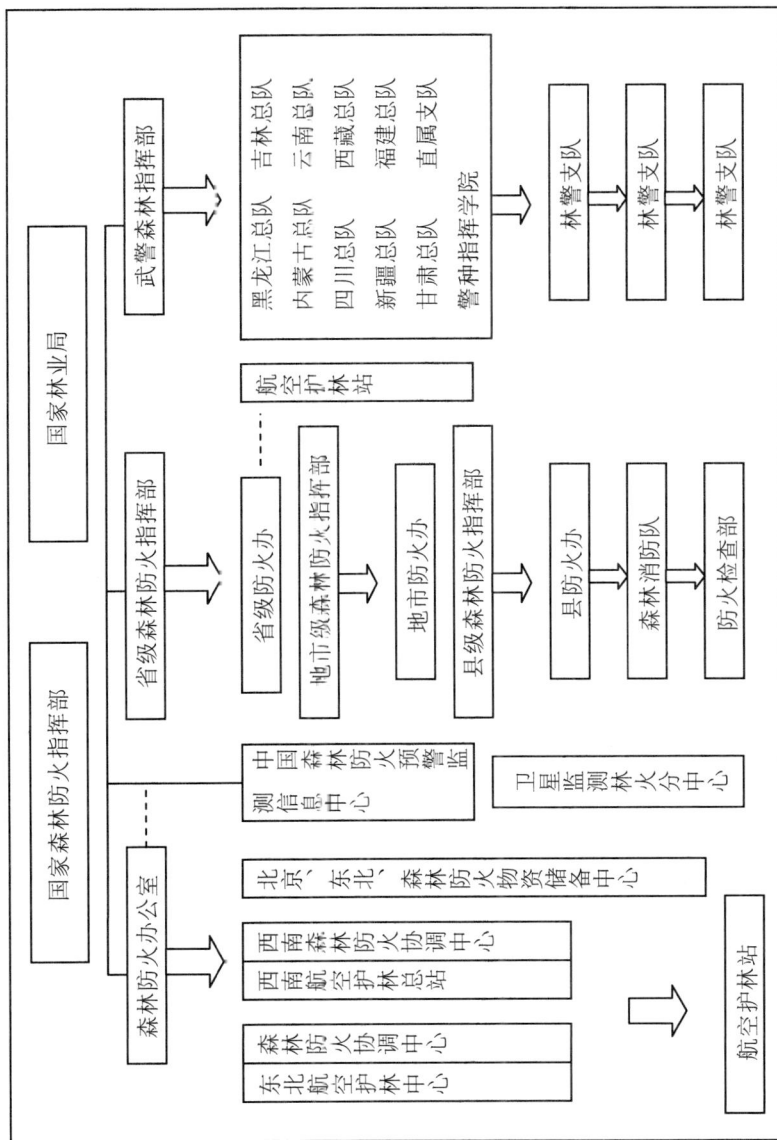

图 6-2 国家森林防火组织机构图（国家森林防火指挥部办公室，2010）

注：图中虚线表示没有直接隶属关系，属于国家集中统一管理模式。

表 6-2　　我国主要自然灾害管理部门职能分工和灾情信息管理

部　门	灾害管理职能分工	灾情统计标准
民政部	组织、协调救灾工作，组织核查灾情，统一发布灾情，管理、分配中央救灾款物并监督使用，组织指导救灾捐赠。承担国家减灾委员会办公室工作	1951 年 3 月 9 日，中央生产救灾委员会发出《关于统一灾情计算标准的通知》 1995 年，制定《灾情统计、核定、报告暂行办法》 2003 年，出台《自然灾害情况统计制度》 2008 年，修改《自然灾害情况统计制度》
财政部	管理中央财政预算的社会救灾救济等方面的资金	
农业部	发布农情信息，指导救灾备荒种子、化肥、柴油等生产资料的储备和调拨	种植业灾情、农作物生物灾情、畜牧业灾情、渔业灾情和草原火灾
水利部	承担国家防汛抗旱总指挥部的日常工作，组织全国的防汛抗旱工作	掌握的灾情信息主要包括汛情、旱情和水灾灾情；1999 年国家防总和统计局制定《水旱灾害统计报表制度》，2009 年国家防总和统计局修订《水旱灾害统计报表制度》
国土资源部	组织编制地质灾害防治规划；组织监测、防治地质灾害	1998 年建立山体滑坡、崩塌、地面塌陷和泥石流等地质灾害的速报制度
教育部	负责中小学校舍的恢复重建	
原卫生部	组织调度全国的卫生技术力量，对重大突发疫情、病情实施紧急处置，防止疫情、疾病的发生和蔓延	
中国气象局	负责天气预报、警报的发布和气候资源的监测与开发、利用和保护，为防灾抗灾提供服务和咨询建议	提供灾害天气信息，包括降水、温度实况的监测、预报和分析，台风预警预报，沙尘暴、寒潮预报等信息
中国地震局	负责全国地震监测预报工作，对地震震情和灾情进行速报，组织地震灾害调查和损失评估	1997 年制定《地震灾害损失评估规定》（试行） 1999 年制定《地震灾情速报规定》（试行）
国家林业局	负责森林火灾的工作	1995 年制定《森林火灾经济损失额计算方法》和《森林火灾经济损失额计算方法暂行方案》

资料来源：王昂生. 中国减灾与可持续发展［M］. 北京：科学出版社，2007：425.

6.3　自然灾害防灾减灾机制的缺陷与不足

　　新中国成立以来，中国的自然灾害防灾减灾机制从无到有，在经历了一系列的探索和改革之后，自然灾害管理能力与水平大大提高，防灾减灾机制逐步得以健全，从而取得了举世瞩目的减灾成就。最突出的表现就是因自然灾害所导致的死亡人口数大幅度下降，整个国家和社会的防灾、减灾和抗灾能力大大增强。尤其是自从 20 世纪 90 年代以来，我国的防灾减灾事业发展更是取得了长足的进步。从 1994 年颁布的《中国 21 世纪议程》，到 1998 年的《中华人民共和国减灾规划（1998—2010 年）》，再到 2007 年颁布的《国家综合减灾"十一五"规划》，我国政府始终坚持把防灾减灾纳入国家和地方的可持续发展战略之中。无论是在防灾减灾行动的统一领导和有效组织方面，还是对自然灾害信息的全面掌握和及时的沟通与传递方面，又或是防洪抗旱、抗震减灾、农林生物灾害防治、防沙治沙以及水土保持等减灾工程的全面开展方面，都无不体现出我国防灾减灾事业的蓬勃发展。

　　毋庸置疑，我国政府日益重视防灾减灾能力的建设与发展，并且已经在实施减灾工程、构建灾害监测与预警体系、建立抢险救灾应急机制、提高减灾科技水平、建设防灾减灾人才队伍以及开展社区减灾工作等许多方面作出了全面努力，投入了大量的人力、物力和财力并取得了丰硕的成果①。然而，我国一直属于世界上自然灾害最为严重的国家之列，伴随着全球气候变迁以及我国国民经济的快速发展和城市化进程的不断加快，在人口众多、经济和科技实力亟待进一步增强，以及资源环境和生态压力的逐步加剧等基本国情条件下，防范和应对呈频发势态的自然灾害无疑是一个巨大的挑战。由此，目前我国的自然灾害防灾减灾机制仍存在着诸多的薄弱环节和不足之处。这些缺陷与不足可分为管理体制、灾前防范、应急响应和损失评估等四个方面来予以阐述。

---

　　①　详见 2009 年 5 月发布的《中国的减灾行动》白皮书。

6.3.1　自然灾害管理体制的缺陷

《中国 21 世纪议程》已经指出，自然灾害管理是政府、有关单位与社会集团为防灾减灾所进行的一系列立法、规划、组织、协调、干预和工程技术活动的总和，它贯穿防灾减灾活动的全过程，是整个防灾减灾行动系统的中枢。从前文对我国自然灾害管理部门及其职责分工基本情况的简要阐述，我们不难判断出，这样一种以自然灾害事件类型来作为主要划分依据而形成的管理体制，尽管分工比较明确并可以发挥业务上的专长，却也同时不可避免地存在着自身难以逾越的障碍和无法克服的缺陷。因为分散管理往往也意味着会出现职能的分散、交叉，甚至是缺位的情况。

如前所述，目前我国涉及自然灾害管理职能的部门众多，如防汛抗旱归由水利部门管理，雨雪风及雷电灾害由气象部门负责，林业部门主管森林防火，国土资源部门管理地质灾害，地震部门负责防震抗灾，而农作物病虫害则由农业部门分管，此外还要涉及民政、财政、卫生、交通、环保以及公安等几乎所有的政府职能部门。这种局面必然可能导致"多头管理""条块分割"等老问题发生，从而既可能会导致"政出多门"，又可能会出现"管理真空"。由于职能分散和分割而带来的"政出多门"现象，无疑会导致自然灾害管理行为效率低下，甚至是防灾减灾人力物力和财力等各方面资源的浪费。例如各个涉及自然灾害管理职能的部门大多都有自身独立的灾害信息管理系统，并且自成体系；水利、地震和公安等部门还建立了各自的专业紧急救援队伍；民政、防汛和地震等部门又建有各自的救灾物资储备体系①。这种重复建设往往就造成了巨大而不必要的资源浪费，使得组织与协调的难度增加，从而提高了自然灾害管理的成本。由于职能交叉和缺位而引发的"管理真空"局面，同样也会导致防灾减灾政策与措施的效果大打折扣，甚至可能引发严重后果。例如在 2008 年我国南方低温雨雪冰冻灾害的救灾过程中，由于缺乏相应的针对"复合性突发事件"的应急预案，对涉及跨区域的

---

① 任德胜. 关于深化灾害管理体制改革的探讨 [J]. 中国减灾，2004（2）：35-36.

大范围灾害管理主体规定不明确，从而导致灾情出现几十个小时后，不少应急管理机构还未能掌握基本情况，灾害现场几乎没有启动应有的公共服务。这反映出我国现行的以部门为龙头、行业与地区分割的灾害应对机制还存在着许多弊病[①]。

与自然灾害管理部门职能分散、交叉密切相连的是，当前我国自然灾害管理的法律依据尚不够充分，缺乏综合性的灾害管理基本法，管理手段偏重行政指令和紧急动员，还没有走上比较完善的依法管理自然灾害的道路。例如，我国目前仍然没有诸如美国的《灾害救助法》和日本的《灾害对策基本法》那样的防灾减灾方面的基础且具综合性的专门立法。

6.3.2　自然灾害灾前防范的不足

减轻自然灾害损失与影响的一个根本途径就是"防患于未然"，科学合理的做法应是在自然灾害发生之前就做好各种准备，比如尽量减轻人为因素的作用与影响，加强基础设施建设、提高自然灾害风险监测与预警的水平，来提高抵御自然灾害的能力。如果在灾前疏于防范，而待到灾害发生才予以应急性的反应，则往往就无异于"临渴而掘井"。

防灾减灾基础设施的不完善首先就对我国防灾减灾能力的提高形成了严重制约。正如《国家综合减灾"十一五"规划》所指出的，"一些灾害多发地区的避灾场所建设滞后，大城市和城市群灾害设防水平有待进一步提高，农村群众住房防灾抗灾标准普遍较低"。设计和建造足以防御自然灾害的建筑是最具成本效益的一项减灾措施，制定并执行建筑法规和标准将大大降低自然危害带来的风险（UN/ISDR，2001）。然而，目前我国的防灾减灾基础设施建设的现状不容乐观。例如，仅就新中国成立以来发生在我国境内的多次地震灾害而言，中国工程院院士谢礼立认为：从地震现场所见的各类建筑物的震害现象和地震灾害后果上看，虽然存在着时空差异性，但同时也都具有极大的相似性。因为产生这些灾害的原因都是相同的：遭受地震灾害袭击的那些区域的建筑物的

---

①　祝燕德，等. 重大气象灾害风险防范——2008 年湖南冰灾启示［M］. 北京：中国财政经济出版社，2009：185.

抗震能力低下或根本不足。造成建筑物抗震能力低下的主要原因是设防不当，或者根本就没有设防，除此以外当然也有设防技术和工程质量的问题。这一现象在我国的许多地区，特别是在许多强震危险区还仍然大量存在[①]。

虽然我国已经建立起了包括地面监测、海洋海底观测和天—空—地观测在内的自然灾害立体监测体系，自然灾害监测与预警预报体系已经初步形成，但是我国的防灾减灾科技水平还远非完善，公众的防灾减灾意识更是亟待提高。尤为重要的是，了解并掌握自然灾害的发生机理只是第一步，紧接着必须要有进一步的后续行动，包括对自然灾害损失与影响的正确估计与评价，并在此基础上将科学的防灾减灾对策付诸实际行动以维护长远的可持续发展。如果对于自然灾害损失与影响的认识和估计不足，缺乏长远的规划，往往也就走不出从应付一场灾害到应付下一场灾害的恶性循环。例如联合国减灾战略（UN/ISDR）就曾指出："1998 年中国长江的洪水一次就使 3 000 人丧生，洪水造成的死亡人数通常比受其影响的人数少，因此，这是洪水造成的很高死亡人数。由于还必须应付 2 亿多流离失所者，该国承受的直接损失就达 450 亿美元。虽然对这些数字已经有了广泛报道，但一个人们了解较少的情况是，由于伐木、拦江筑坝和排干湿地，长江流域森林覆盖面在最近的几十年中已经损失了近 85%。"这其实无异于在防范和应对一场灾难的同时，也埋下了另一场灾难的诱因！

强调应急而疏于防范的表现是多种多样的，原因则往往只在于两个方面，一个是物质，一个是精神。物质方面的原因就是生产力发展水平的制约，而精神方面的原因就是对自然灾害损失与影响认识的不够。

6.3.3　自然灾害应急处置的滞后

自然灾害风险是无法完全避免的，人们只能采取各种防灾减灾措施来降低自然灾害给自身带来的危害程度。因此，自然灾害是人类永远都要面临的一个共同的挑战。当自然灾害事件发生之后，快速及时作出反

---

① 谢礼立. 2008 年汶川特大地震的教训 [J]. 中国工程科学，2009（6）：28-36.

应实施救援是至关重要的，应急处置能力越强就越有希望把自然灾害损失减少到最低程度。在长期的减灾救灾实践过程中，我国已经建立了符合国情且具有中国特色的减灾救灾工作机制，包括应急响应、信息发布、应急物资储备、灾情预警会商和信息共享、抢险救灾联动协调以及灾害应急社会动员机制等多个方面。然而，目前我国在各部门联动与协作、应急救援队伍建设、应急物资保障以及有效组织社会力量参与救灾等方面仍然存在着滞后现象。

突发性的自然灾害需要相关的管理部门以及社会各个方面立即展开抢险救灾工作，各个部门的联合统一行动是必需的，与前述灾害管理部门职能分工和交叉所导致的问题不同的是，各部门的联动与协作是任何体制之下始终都要面对的问题，甚至是不以人们对自然灾害损失与影响的认识为转移。2006年国务院颁布的《自然灾害救助应急预案》就从资金、物资、通信和信息、救灾装备、人力资源以及社会动员等多个方面就应急准备问题作出了明确的部署，而这其中每一个方面，都要涉及不同的部门，如资金准备需要民政部、财政部、国家发改委以及地方政府进行协调，救灾物资准备涉及各个部门和各个地区的各级物资储备库，信息管理既有中央级的灾害信息管理系统，又有省地县三级的救灾通信网络，人员准备方面如参与灾情会商、现场评估和业务咨询的专家队伍的组建，更是要涉及民政、卫生、水利、气象、地震、海洋、国土资源等各个方面。抢险救灾非但要求在紧急状态下作出正确而快速有效的反应，同时也是一项需要通力协作的系统工程。

反观目前我国的自然灾害应急处置能力，从应急预案到部门联动机制、应急救援队伍，再到物资保障和社会力量的组织，都还存在着种种不足之处。例如自然灾害救助应急预案的分级标准及其灾害风险评估标准尚有一定的缺陷，2008年汶川地震中国家减灾委灾害救助的先期响应级别是二级响应，当天夜里才又改为一级。此次灾害的初期应对过程中，应急决策咨询机制启动也比较滞后，直到5月21日国家汶川地震专家委员会才宣告正式成立[①]。另外，目前一些地方性的灾害应急预案仍不够精细化。在应急救援队伍建设方面，还存在着力量分散和装备缺乏等问题，使得远程快速救援和现场处置能力，尤其是第一时间的生命搜救能力亟待增强。在应急物资保障方面，尚存在着应急物资储备品种较少，规模较小，而且储备库点布局不合理等问题。应急物资储备网络、救灾物资紧急调拨和配送体系等都有待于进一步健全和完善。最后，自然灾害应急处置不仅仅是政府的责任，也不可能完全依赖政府去解决所有的问题，有效动员各种社会力量如民间公益组织和志愿者参与抢险救灾同样十分重要，可以降低救灾成本、提高救灾效率。从近年来的灾害应急救援行动的实践来看，社会力量参与救灾所发挥的积极作用不断增强，成绩值得肯定，但是民间公益组织在参与救灾的过程中也暴露出了许多问题，同样应该重视。由于缺乏有效的规范、管理和培训，部分志愿者的无序志愿活动反而会产生负面作用[②]，而由于资源和经验不足，民间公益组织的救灾能力也还亟待提高[③]。

6.3.4 自然灾害损失评估的缺漏

自然灾害损失与影响的评估，贯穿整个灾害管理的过程，事实上居于核心的地位（如图6-3所示）。无论是灾前防范、还是灾中救援和灾后治理，损失与影响评估都是最基本的依据。由此，自然灾害损失范围界定的狭隘、统计指标的缺省以及影响评估的遗漏，实质上是一种短视行为，它既是导致前述一些问题存在的重要原因之一，又可能会引发防灾减灾政策出现方向性的偏差。具体来说，自然灾害损失评估的缺漏主要表现在了土地和森林等自然财富损失未充分纳入损失评估范围，人力

① 菅强. 中国突发事件报告［M］. 北京：中国时代经济出版社，2009：79.
② 四川汶川特大地震发生以后，我国公众、企业和社会组织参与紧急救援，深入灾区的国内外志愿者队伍达到了300万人以上，在后方参与抗震救灾的志愿者人数更是超过1 000万。志愿者队伍直接参与救援行动，无疑弥补了救援力量的不足，也充分体现了全社会的救灾热情。但是，如果不能有效地加以组织，志愿者队伍也会难以真正融合到救援行动中去发挥其积极作用。根据部分事后有关志愿者队伍及其行动的报道，至少存在着组织无序、素质不齐、动机不一和技能匮乏等多个方面的问题，由此也引发了不少针对这一问题的讨论和思考。
③ 国家减灾委员会、科学技术部抗震救灾专家组. 汶川地震社会管理政策研究［M］. 北京：科学出版社，2008：61.

资本价值损失也没有得到充分体现。这些损失评估的缺漏导致我们对于自然灾害损失及其影响的估计不足，最终可能导致盲目乐观或者疏于进一步的防范，使得国民财富存量大幅度减少而不自知。概而言之，我们目前制定和实行的防灾减灾政策，主要是基于"直接经济损失"控制而形成的。

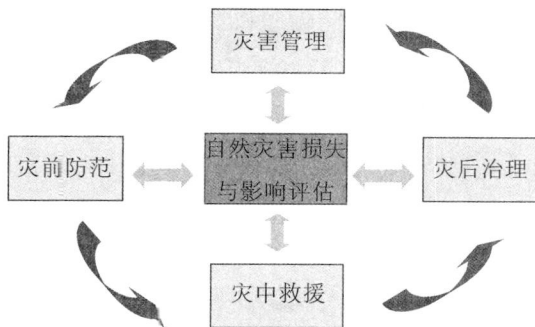

图 6-3　自然灾害损失与影响评估的核心地位

　　频繁发生的各类自然灾害对我国的自然资源和生态环境的确产生了严重的影响，如根据国家环境保护部 2016 年 6 月公布的《2015 中国环境状况公报》，我国现有土壤侵蚀总面积为 294.9 万平方千米，占普查范围总面积的 31.1%。其中水力侵蚀面积为 129.3 万平方千米，风力侵蚀面积为 165.6 万平方千米；2015 年，北方地区共出现沙尘天气 11 次（常年同期为 17 次），沙尘暴 2 次（2001—2010 年同期平均值为 8 次）。另外，森林灾害和草原灾害不但造成了直接的经济损失，而其对生态环境的影响同样是不可低估的，但是这些损失哪怕是直接的经济损失，也并未被统计在民政部门所公布的自然灾害损失范围之内。如前所述，自然资本是国民财富不可或缺的重要组成部分，在发展中国家其所占的比例为 25%，我国这一比例为 24%。自然灾害既然带来了自然资本的损失，如果忽视了它则显然就低估了自然灾害损失及其所带来的影响，尤其是对于长期可持续发展的影响。

　　这也就是说，仅仅以主要涵盖物质资本损失的直接经济损失来衡量自然灾害损失，显然是非常不准确的。《国家综合减灾"十一五"规划》所提出的第一个"规划目标"就是："自然灾害（未发生巨灾）造成的年均死亡人数比"十五"期间明显下降，年均因灾直接经济损失占国内生产总值（GDP）的比例控制在 1.5%以内。"试问，假设满足了因灾死亡人数下降和直接经济损失所占比例的要求，但自然灾害导致了严重的水土流失、耕地被毁、森林草地被破坏、生态恶化加剧，那么这样的目标即便达成了也不再具有多大的意义。更进一步，如果仅仅依照这样的目标来进行防灾减灾政策的研究和制定，那么我们似乎只需主要考虑人身安全和物质财产就可以了，当然这并不是说人身安全不是第一位的，物质财产同样是国民财富的基础性内容，但是仅仅有这些肯定不足以支撑长远的可持续发展。自然资产的损失往往都是无形和难以计量的，但它至少是与物质财富同样重要的，忽视这部分损失的后果同样是极为严重的。

另一方面，人力资本理论已经揭示出了人力资本及人力资本投资的重要意义。新中国成立以来，自然灾害导致的死亡人数的下降是我国防灾减灾事业取得的最伟大的成就，无论是对于生命尊严与权利，还是对于经济与社会发展而言，都是如此。目前我国的自然灾害防灾减灾政策无疑是将减少人员伤亡作为首要目标，这一点当然毋庸置疑。然而，在灾害损失统计中反映人员受到影响情况和程度的指标太少，只有笼统的受灾人口、死亡人口、伤病人口、紧急转移人口和饮水困难人口等若干单一指标。仅仅依据这些指标是无法完全反映自然灾害对社会经济发展的影响的，因为我们无法再了解更多的情况了，如职业、受教育程度和收入等，一般我们甚至连其中男女各有多少人，年龄分布情况如何等最基本的信息也无从知晓。或许详细的数据资料是有的，但那并不重要了，重要的是在大多数情况下人们仅仅依据这样的资料进行灾害损失与影响的评判！如果说两场灾难中的一场所导致的死亡人口数更多意味着损失更为严重，那么假设两场灾难中死亡人数等上述指标全部相同，就意味着受影响程度等同吗？这全然不是应不应该给人的生命赋予经济价值的问题，而是对自然灾害经济损失与影响评估的缺失和遗漏。例如，在本书所计算的我国近年来的自然灾害国民财富损失中，人力资本存量价值损失就占到了大约 30%左右。

因此，从自然灾害管理与防灾减灾政策制定的角度而言，自然灾害损失统计与影响评估的缺漏是迫切需要加以纠正的核心问题。这种对自然资本、人力资本和社会资本的统计缺失和评估遗漏，很可能会导致灾前我们对自然灾害损失的防范不足，而灾后又没有及时充分地估到自然灾害的全部影响。这无论如何，都是与我们所强调的要深入贯彻和实施的"科学发展观"相违背的。

第 7 章　基于国民财富损失控制的防灾减灾对策

天之道，利而不害；圣人之道，为而不争。

——老子，《道德经》

全世界日趋加剧的自然灾害影响是有办法应对的，到处都可以找到实施这些办法所必要的知识和技术。减灾是所有这类措施的合成，可以采取这些措施降低一个社会经济体系对于自然危害的脆弱性。措施中包括层次广泛的活动，从完全避免灾害（防灾）一直到灾害来临时旨在限制其严重性的措施。

——联合国国际减灾战略（UN/ISDR），2001

正如联合国国际减灾战略自 20 世纪 90 年代开始一再重申的那样，"自然灾害损坏所有国家的社会和经济基础设施，而自然灾害的长期后果对发展中国家特别严重，妨碍它们的可持续发展。"（UN/ISDR，2002）。2009 年 5 月，联合国发布了《2009 全球减灾评估报告——气候变化背景下的风险与贫困》，其前言指出[①]：

自然灾害风险主要集中在中低收入国家，那些生活在贫困的农村地区和贫民窟的人所受到的影响最大。然而富裕国家也不能幸免，正如今年（2009）年初澳大利亚森林大火给我们的警示那样。自然灾害风险触及生活在地球上的每一个人。

根据诸多深入的研究，本报告强烈建议各国在发展实践方面作出根本性的转变，并将防灾规划与灾害恢复能力作为一个新的重点。当洪水、干旱、暴雨、地震、火灾以及其他灾害事件与一些"致灾因素"，如不断加速的城市化过程、糟糕的城市管理、脆弱的农村生计以及生态系统的退化等，结合起来，就有可能导致巨大的人类悲剧和惨重的经济损失。全球气候变化和海平面上升所带来的风险，更是给我们如何在不久的将来生存下去，增添了额外的严重影响。

尽管我们无法杜绝如地震和龙卷风等自然现象，但我们能够限制其影响。任何灾害的强度都与我们的民众和政府过去所做出的那些决策紧密相关。针对灾害风险事先进行防范才是解决问题的关键。合理可靠的灾后反应机制，无论多么有效，都是远远不够的。

基本的事实已经昭然若揭，自然灾害的巨大影响更是一个不以我们对它的认识为转移的既定事实。然而，科学而合理的防灾减灾行动必然是以灾害及其损失与影响的知识为前提的，正是由于我们的认识在不断深入，知识和经验在不断累积，才能不断取得进步。在新的时代背景和环境条件下，作为一个人口众多、经济基础和科技水平尚不发达，同时资源和生态压力逐渐增大的发展中国家，如何进一步提高自然灾害管理的水平，推行切实有效的防灾减灾政策，不仅是在社会经济发展过程中要面临的巨大挑战，而且是事关国家的前途和民族的命运的迫切需要解决的重大课题。

---

① 作者根据如下资料译出：UN.2009 Global Assessment Report on Disaster Risk Reduction [EB/OL]. (2009-05-19). http://www.preventionweb.net/english/hyogo/gar/report/index.php? id=1130&pid: 34&pih: 2.

7.1 基于国民财富损失控制的防灾减灾政策总体特征

基于国民财富损失控制的自然灾害防灾减灾政策，是要把对国民财富损失的控制作为自然灾害管理和防灾减灾政策制定的根本性目标，就是要通过动员和组织全社会各个方面的资源和力量，采用行政、经济、法律以及文化等多种手段，利用各种工程和非工程减灾措施，在自然灾害管理的整个过程中，预防、控制和减少包括人力资本、物资资本、自然资本和社会资本在内的自然灾害国民财富损失。基于国民财富损失控制的防灾减灾政策，是以对自然灾害损失的本质——国民财富损失的明确认知和深刻理解为前提的，因此，这就是与通常基于"直接经济损失"控制的防灾减灾政策所指向的目标，在根本上是不同的。其最终的目的在于维持我们赖以产生收入和福利的国民财富基础，以促进和维护经济与社会的可持续发展。

基于国民财富损失控制的防灾减灾政策的总体特征，主要体现在统一性、综合性、区域性以及科学性等四个方面，它们构成了一个相互需要而不可分割的统一整体。具体来说，统一性是针对防灾减灾政策的公共品特征而言的，即自然灾害防灾减灾事业必须经由政府的领导统一行动，这是基本前提；综合性和区域性是针对自然灾害事件及其损失与影响而言的，即综合运用各种手段和措施防范和应对各种自然灾害，同时也要考虑到自然环境和经济条件等方面的区域性差异，强调以区域为基本单位进行防范和应对，这两者是必然要求；科学性则是贯穿自然灾害管理的整个过程和各个环节的，包括科学有效组织和管理用于防灾减灾事业的人力、物力和财力，以减灾科技为支撑完善自然灾害风险监测与预警体系，以及加大投入组织实施科学合理的各项减灾工程等等，科学性是成功制定防灾减灾政策的重要保证。

7.1.1 统一性

防灾减灾事业的发展必须由政府统一领导，各部门、行业和地区乃至全社会统一行动。正如我国自然灾害管理的基本领导体制所展现的那样，必须由国家和政府站在全局的高度作出统筹性安排。这是由于自然灾害防灾减灾具有公共品的性质，恰如国防安全，只有经由政府提供才能有效地预防和控制自然灾害的损失与影响，因此统一性是防灾减灾政策制定的基本前提。目前我国的自然灾害管理体制始终都明确了这个基本前提，如2010年9月国务院颁布的《自然灾害救助条例》中第一章总则第三条明确规定："自然灾害救助工作实行各级人民政府行政领导负责制。"具体来说，"国家减灾委员会负责组织、领导全国的自然灾害救助工作，协调开展重大自然灾害救助活动。国务院民政部门负责全国的自然灾害救助工作，承担国家减灾委员会的具体工作。国务院有关部门按照各自职责做好全国的自然灾害救助相关工作。"在地方层次上，"县级以上地方人民政府或者人民政府的自然灾害救助应急综合协调机构，组织、协调本行政区域的自然灾害救助工作。县级以上地方人民政府民政部门负责本行政区域的自然灾害救助工作。县级以上地方人民政府有关部门按照各自职责做好本行政区域的自然灾害救助相关工作。"

有了统一的领导，还要有统一的行动，如此才构成了完整的统一性。然而，统一行动并不是意味着要完全"步调一致""一刀切"，这完全是死板教条的看法。一直以来，都有人不断地质疑我国自然灾害管理实践中的"分散管理"的做法，认为分散导致了管理上的低效率，其实这种看法只看到了表象，"统一领导"与"分散管理"事实上是相辅相成的。"分散管理"是"统一领导"之下的分散，问题不在于要不要分散，而在于如何分散，或者说如何通过分散的方式来达到统一领导和统一行动的目的。仍以自然灾害应急救援为例，《国家自然灾害救助应急预案》同样对于统一领导的工作原则以及组织指挥体系及其工作职责作出了明确的规定，而就应急准备来说，涉及资金、物资、装备和人员等多个方面，很显然，只有在统一指挥和统一调配之下才能圆满地完成应急救援的任务，分散管理与多部门合作只是对统一领导和统一行动的具体注解而已。再如，2016年底颁布实施的《国家综合防灾减灾规划（2016—2020年）》，不仅就当前我国防灾减灾救灾工作面临的形势进行了分析，并且明确了下一阶段的指导思想、主要任务、重大项目及保障措施等。这实质上就指明了统一行动的具体方向，问题的关键是在于如何推进并完善防灾减灾政策的统一性。在统一性方面，目前我们做得还远远不够，以本书所探讨的自然灾害国民财富损失而言，还需要国家和政府在不久的将来统一这方面的认识，并付诸统一行动。

7.1.2 综合性

自然灾害防灾减灾政策的综合性，是由自然灾害及其所带来的损失与影响的基本性质决定的。自然灾害的类型本身就是多种多样的，不同类型的自然灾害所导致的损失与影响肯定是有区别的，即便是同种类型的自然灾害，所导致的损失和影响也是表现在多个方面的。由此，从自然灾害防灾减灾政策的目标，到执行防灾减灾政策所采用的具体手段和方法，都必定要体现出综合性特征。减轻自然灾害损失的目标的提出，当然本身就是综合性的，因为它至少包括了生命和财产损失两个方面。我们所提出的预防和控制自然灾害国民财富损失的根本目标，更是一个具有高度综合性的目标，它至少囊括了人力资本、物质资本、自然资本和社会资本等四个维度。要预防并减轻自然灾害损失以维护我们赖以生存和发展的国民财富基础，就必须制定出具有综合性特征的自然灾害防灾减灾政策。

综合性的目标必然要经由综合性的手段与方法来达成，自然灾害防灾减灾的政策和具体措施同样应当体现出综合性特征。正如《国家综合防灾减灾规划（2016—2020 年）》在"指导思想"部分中所指出的，"正确处理人和自然的关系，正确处理防灾减灾救灾和经济社会发展的关系，坚持以防为主、防抗救相结合，坚持常态减灾和非常态救灾相统一，努力实现从注重灾后救助向注重灾前预防转变、从应对单一灾种向综合减灾转变、从减少灾害损失向减轻灾害风险转变，着力构建与经济社会发展新阶段相适应的防灾减灾救灾体制机制，全面提升全社会抵御自然灾害的综合防范能力"。具体而言，在自然灾害风险预防阶段，不但需要组织实施各种减灾工程，监测和预测自然灾害风险，进行自然灾害预防措施的具体部署和演练，而且需要就各种预防措施和防灾规划进行立法以保障其被贯彻与实施；在灾害应急处置方面，不仅需要有专业的应急救援队伍，而且需要组织卫生防疫、救灾捐赠、恢复重建以及灾后心理支持等等多个方面的内容。

自然灾害风险以及自然灾害损失与影响需要综合性的加以防范和应对，这早已经成为政府与社会各界的共识，因为它无疑是自然灾害防灾减灾政策的基本要件和必然要求。然而，目前我国的自然灾害防灾减灾政策，无论是在目标的设定方面，还是在具体的方法与手段方面，都距离综合性要求尚有较大差距。预防和减少自然灾害损失实际上被主要定位在预防人员生命和物质财产损失方面，防灾减灾措施也主要通过行政手段加以实施，而对法律、科技和市场等手段的运用还不够合理和充分。我国的自然灾害管理立法在总体上还比较滞后，防灾减灾科技水平和应用还亟待发展和提高，而灾害保险、物资储备等市场手段也还没有充分发展起来，这些不足显然都与巨大的防灾减灾需求不相适应，都在制约着我国的自然灾害"综合防范防御能力"的进一步发展和提高。

7.1.3 区域性

区域性同样是自然灾害防灾减灾政策的必然要求，这是由自然灾害的分布情况决定的。自然灾害的分布取决两个方面：一方面取决于自然变异活动的分布；另一方面取决于人口、财产以及资源和环境状况的区域性分布特征。由于我国的自然灾变和承灾体两者的分布都具有明显的地域特征，所以我国自然灾害的分布也有着显著的分带性和方向性[1]。原国家科委全国重大自然灾害综合研究组曾于 20 世纪 90 年代对我国自然灾害进行了综合分区，研究组以南北向的贺兰山、龙门山和东西向的秦岭、昆仑为界，将我国大陆分成了四个一级灾害区：华北东北灾害区、东南灾害区、西北灾害区和西南灾害区。另外，又根据阴山、天山及南岭两条重要的次一级的纬向分界线，把我国从北到南分为东北、黄淮海、蒙东、陕甘宁晋、华中华东、华南、云贵川、北疆-阿拉善、南疆-柴达木、青藏高原、川滇和喜马拉雅山南坡等 15 个二级灾害区[2][3]。另外，由于自然地理条件和气候生态条件的差异以及历史的原

① 高庆华，等. 中国自然灾害与全球变化 [M]. 北京：科学出版社，2007：48.
② 国家科委全国重大自然灾害综合研究组. 中国重大自然灾害及减灾对策 [M]. 北京：科学出版社，1994：34.
③ 国家科委国家计委国家经贸委自然灾害综合研究组. 中国自然灾害区划研究进展 [M]. 北京：海洋出版社，1998.

因，我国的社会经济发展也呈现出明显的区域性差异。总体上来看，以秦岭为界，南方显著高于北方；以贺兰山－横断山为界，东部又明显高于西部；平原地区高于山区①。因此，我国自然灾害分布的特征从根本上决定了自然灾害防灾减灾政策同样必须考虑地域性差异，从而具备区域性特征。

从我国现行的自然灾害管理工作实践来看，防灾减灾政策的区域性特征也是非常明显的。2010 年颁布并开始实施《自然灾害救助条例》第一章第四条明确规定了我国地方政府负有组织和实施自然灾害救助的职责，这当然是基于自然灾害区域性差异及其所导致的自然灾害救助需求上的差异而设定的，即"县级以上人民政府应当将自然灾害救助工作纳入国民经济和社会发展规划，建立健全与自然灾害救助需求相适应的资金、物资保障机制，将人民政府安排的自然灾害救助资金和自然灾害救助工作经费纳入财政预算。"显然，"纳入国民经济和社会发展规划"、"与自然灾害救助需求相适应"以及"纳入财政预算"等无疑表明了自然灾害管理工作的区域性特征。此外，《自然灾害救助条例》对于救助准备、应急救助、灾后救助以及救助款物管理等方面也都明确了地方政府的职责和任务。另外，《国家自然灾害救助应急预案》更是明确规定了"政府统一领导，分级管理，条块结合，以块为主"的工作原则。其中，"以块为主"也就是基于区域性特征的考虑的明确表述。

7.1.4　科学性

自然灾害防灾减灾政策的科学性，并不仅仅是针对通常所谈论的用于防灾减灾的设施、产品和技术而言的，而是牵涉到自然灾害管理的整个过程以及各个具体的环节，包括领导、组织、协调以及反馈与控制等等。科学性是自然灾害防灾减灾事业发展和全社会综合防御防范能力提高的重要保证。因为，自然灾害防灾减灾是一项系统性工程，它"是人类社会为了消除或减轻自然灾害对生命财产的威胁，增强抗御、承受灾害的能力，灾后尽快恢复生产生活秩序而建立的灾害管理、防御、救援

---

① 高庆华，等. 中国自然灾害与全球变化［M］. 北京：科学出版社，2007：83.

等组织体系与防灾工程、技术设施体系，包括灾害研究、监测、灾害信息处理、灾害预报、预警、防灾、抗灾、救灾、灾后援建等系统，是社会、经济可持续发展所必不可少的安全保障体系"①。另一方面，"自然灾害的可管理性"，正是"体现在通过科学规划与协调人类的活动，在顺乎自然规律的前提下，发挥人类的积极作用"，从而使得我们"有可能消除、削弱或回避灾害源，调节、控制或疏导灾害载体，保护、转移受灾体或提高受灾体的承灾能力，减少人为因素诱发的灾害源，达到减轻自然灾害损失的目的"。所以，我们这里所提出的科学性特征，其实是表现为一个认识不断深入、从防灾规划到实际行动不断改进和完善的动态的过程。

我国的自然灾害防灾减灾事业是在社会生产力不发达、科技水平不高的条件下确立并发展起来的，时至今日，尽管已经初步建立起了各种自然灾害的防御工作体系，但相对我国的自然灾害发生情况和基本国情而言，从自然灾害科学研究、防灾规划、管理立法、监测评估、应急救援，到灾害保险和防灾教育等，也就是整个自然灾害管理的科学性水平都有待于进一步提高。正如《国家综合防灾减灾规划（2016—2020年）》所指出来的，目前我国防灾减灾救灾基础依然比较薄弱，如"重救灾轻减灾思想还比较普遍，一些地方城市高风险、农村不设防的状况尚未根本改变，基层抵御灾害的能力仍显薄弱，革命老区、民族地区、边疆地区和贫困地区因灾致贫、因灾返贫等问题尤为突出"等，事实上这些都体现出目前我国自然灾害管理科学性的缺憾与不足。因此，讲求科学防灾减灾政策，是提高减灾能力和风险管理水平，预防和减轻自然灾害损失，促进社会经济可持续发展的重要保障。就本书所阐述的主题而言，目前我国的防灾规划和减灾措施，都还没有能够充分地体现从更为开阔的视野对预防和控制自然灾害国民财富损失作出全面而深入的安排和部署，从而需要从对自然灾害损失与影响更为科学的认识入手，逐步经由防灾规划和减灾措施落到实处。

---

① 详见《中国 21 世纪议程——中国 21 世纪人口、环境与发展白皮书》（1994 年）。

7.2　基于国民财富损失控制的防灾减灾具体对策

基于国民财富损失控制的防灾减灾具体对策，可以归结为以下 6 个方面的主要内容，即理顺灾害管理职能、加强灾害防御科技支撑、综合应对与处置、灾后恢复与重建、国民财富损失评估以及广泛而有效的社会动员等。从内在的逻辑关系和管理阶段与具体环节的角度来看，自然灾害防灾减灾事业发展是在国家和政府的统一领导之下自上而下开展的，主要的问题在于如何进一步理顺自然灾害管理部门的管理职责和权限关系，不断提高自然灾害管理水平；在强有力的统一领导与管理之下，灾前的防范是未来防灾减灾政策制定的核心，关键在于加强减灾科技水平及其应用的支撑作用；灾中的应急处置能力同样十分重要，这一阶段所要强调的是各个部门和主体之间的无缝隙合作与协同作用；灾后恢复重建则需要针对已经造成的损失与影响以及未来的灾害风险进行科学合理的规划。在整个灾害管理过程中，自然灾害国民财富损失评估是防灾减灾决策的主要依据和最终的检验标准。我们应当从国民财富管理的框架下来认识灾害损失与影响问题并谋求解决之道，这也就是说，自然灾害归根结底会导致国民财富的巨大损失，基于国民财富损失控制的灾害经济分析与对策研究，才能真正有效地服务于消除自然灾害给经济与社会可持续发展，以及社会福利水平的不断提高带来的抑制与威胁。

7.2.1　理顺自然灾害管理部门的权限与职责

从基本的领导体制和工作方针角度来看，理顺我国自然灾害管理部门的职责与权限关系是首先要解决的问题，因为它直接决定着防灾减灾政策的目标与方向，决定着所制定的政策是否能够指向并满足既定的防灾减灾需求。从目前的形势来看，主要的对策应当在于以下 3 个方面：

7.2.1.1　设立独立的专门性防灾减灾机构

目前我国的灾害管理模式是在长期的管理和应对自然灾害的实践过程中逐步形成的，主要的特征就是依据灾害种类进行部门分工。防灾减灾其实也是各个政府部门履行自身职能的一个重要方面，如农业、林业、水利、国土、气象和海洋等部门，由于符合自身的业务专长和管理职能，这种分部门的灾害管理模式是有其合理性的。如果像有少数人曾经提出的那样，将各个部门的各种灾害管理职能抽调出来进行某种形式的集中，我们认为是绝对不现实的。事实上，问题的关键在于如何完善这种模式，而不应当仅仅是从协调和配合的角度来考虑。

统一领导如何更好地实现？我们认为，有必要设立独立的专门性防灾减灾机构。目前，"国家减灾委"作为部际协调机构是我国应对自然灾害的中央政府的最高机构，其日常主要工作是由民政部承担的。每当遇到有重大自然灾害事件发生，政府会根据灾害的损失和影响程度，成立临时性指挥机构来履行领导职能，处理相关的紧急事务。这种做法也是有其法律依据的，《中华人民共和国突发事件应对法》第八条规定：国务院在总理领导下研究、决定和部署特别重大突发事件的应对工作；根据实际需要，设立国家突发事件应急指挥机构，负责突发事件应对工作；必要时，国务院可以派出工作组指导有关工作。另一方面，《国家自然灾害救助应急预案》指出，国家减灾委员会为国家自然灾害救助应急综合协调机构，负责研究制定国家减灾工作的方针、政策和规划，协调开展重大减灾活动，指导地方开展减灾工作，推进减灾国际交流与合作，组织、协调全国抗灾救灾工作。这也就是说，国家减灾委员会作为综合协调机构并不拥有实质性的领导职能和权限。尽管《自然灾害救助条例》第十五条规定：在自然灾害救助应急期间，县级以上地方人民政府或者人民政府的自然灾害救助应急综合协调机构可以在本行政区域内紧急征用物资、设备、交通运输工具和场地，自然灾害救助应急工作结束后应当及时归还，并按照国家有关规定给予补偿。这依然是针对应急综合协调职能而言，并且没有详细的关于如何操作的规定。

常设而独立的专门性防灾减灾机构的设立，主要就是要解决职能交叉和分散所带来的不利因素和消极影响的问题。首先，该机构必须具备防灾减灾的领导职责和相应的管理权限，我们认为，仅仅"进一步加强国家减灾委的综合协调职能"是不够的，想要切实落实各部门的灾害管理职责、细化责任，就应当有专门的防灾减灾机构。其次，应当赋予该机构一定的独立地位，在政府的统一领导下拥有一定的防灾减灾独立决策权力。该机构应当考虑单独设置，可以充分吸收发达国家的经验，如美国在联邦应急事务管理局（FEMA）成立（1979 年）之前，其灾害管理工作也涉及 100 多家机构，其中有很多部门都存在着无谓地重复其他机构的工作的情况。FEMA 成立之后，在防灾减灾方面做了大量的工作，其使命就是"领导美国准备灾害，预防灾害，应对灾害，灾害后恢复"。最后，该专门机构的主要功能可分为日常运作和应急管理两个方面，一旦灾害事件发生，应当随即转为政府应对危机事件的具体指挥与协调机构，能够针对灾害事件权威地调配资源[1]。

7.2.1.2 强化自然灾害防灾减灾的法律法规体系建设

防灾减灾事业发展需要相应的法律法规体系的健全作为制定、执行和监督防灾减灾政策的法律依据。如前所述，为了能够有效应对自然灾害，我国已经制定并出台了一系列有关自然灾害防御方面的法律法规，比如防洪法、防震减灾法、气象法和水土保持法等。然而，这些法律法规大多数都只是针对洪涝灾害、地震灾害、地质灾害、气象灾害、森林草原火灾等单个灾种的防御和应对工作，涉及保障受灾人员生存权益和基本生活权益的专门法规一直没有制定，灾害救助工作仍处于无法可依的被动局面[2]。2010 年 9 月 1 日起开始实施的《自然灾害救助条例》，对于解决灾害救助准备措施不足、应急响应机制不完善、灾后救助制度缺乏、救助款物监管不严等问题，规范自然灾害救助工作，迈出了重要的一步。

然而，综观我国的自然灾害管理立法现状，总体上仍然是处于比较滞后的状态。相比发达国家而言更是如此，例如日本早在 1947 年就颁布了《灾害救助法》，1961 年又制定了《灾害对策基本法》；美国于 1950 年制定了《灾害救助和紧急援助法》，1977 年通过了《国家地震灾害减轻法》，而 1976 年国会通过的《全国紧急状态法》是影响最大的应对突发公共事件的法律[3]。现阶段应当持续推进和强化我国防灾减灾法律法规体系的建设：首先，应当健全和完善灾害管理的基本立法体系。针对救助应急只是管理立法的一个方面，健全的体系应当涉及灾前防

---

① 菅强. 中国突发事件报告 [M]. 北京：中国时代经济出版社，2009：80.
② 秦佩华，胡玥. 灾害救助，释放法治的力量 [N]. 人民日报，2010-09-01.
③ 李平. 美国灾害管理的实践与思考 [J]. 中国减灾，2006（5）：40-41.

范、灾中应对和灾后恢复重建等各个环节和各个行为主体，如日本的灾害应对法律体系，主要由灾害对策基本法、灾害预防和防灾规划、灾害紧急应对、灾后重建和复兴、灾害管理组织五大类共 52 项法律构成。其次，不断提高我国灾害管理法律法规的效力层次，除了前述单灾种防御和应对方面的立法，目前只有《中华人民共和国突发事件应对法》和《自然灾害救助条例》属于综合性的灾害管理立法，其他如"防御规划"和"应急预案"等虽然同样能够作为灾害行政管理的依据，但法律效力不足。最后，应当根据我国防灾减灾的实际需求的发展与变化情况，不断完善已有的防灾减灾法律法规。目前一些应急预案在地方层次都仍然是"粗线条"的，不够精细化而缺乏可操作性。另外，最近几年发生的自然灾害，如 2008 年四川汶川特大地震灾害就暴露出了，目前不但在诸如自然灾害救助等活动的程序上无法可依，而且还存在着有关产权归属、重建责任、政府义务和金融支持政策等多种有涉法律的问题，政府还未能作出明确的规定或干脆没有涉及。国家减灾委、科学技术部抗震救灾专家组就曾经指出，"震灾之前许多资产已进入私有产权范畴，灾后安置和恢复重建中有许多法律问题出现，建议加快有关法律的保障工作，例如，城镇居民已购住房的相关法律问题；购房采用不同付款方式的处理要分别对待；农村宅基地和承包地的处理问题（2008年 5 月 26 日）"①。

7.2.1.3　不断丰富和完善自然灾害管理的方式与手段

针对目前主要依赖政府权威、行政指令和协调动员等方式与手段来进行自然灾害预防、应急救助和灾后重建的现象，灾害管理方式与手段的丰富和完善将是一个渐进的过程，但应当加速推进这个过程。

从管理方式与手段自身的特点来看，法律手段需要优先加以考虑，市场手段次之，而市场和文化手段也都应该积极地加以利用。如前所述，法律手段能够保证政府所提供的防灾减灾服务和灾害管理行为有法可依，而防灾减灾这个系统性的社会工程也必然要求有章可循，尤其是

---

①　国家减灾委员会、科学技术部抗震救灾专家组. 汶川地震社会管理政策研究［M］.
北京：科学出版社，2008：225.

考虑到自然灾害种类繁多、我国的自然条件和社会经济发展都存在着极大的区域性差异，就更是如此。具体地，如灾民的紧急转移与妥善安置目前仍然没有法律手段来加以保障。《自然灾害救助条例》第十八条规定："受灾地区人民政府应当在确保安全的前提下，采取就地安置与异地安置、政府安置与自行安置相结合的方式，对受灾人员进行过渡性安置。"关于"就地安置"，仅说明了"应当选择在交通便利、便于恢复生产和生活的地点，并避开可能发生次生自然灾害的区域，尽量不占用或者少占用耕地。"《国家自然灾害救助应急预案》在灾后恢复重建方面，也仅仅对"倒房重建"比较模糊地指出，"应由县（市、区）负责组织实施，采取自建、援建和帮建相结合的方式，以受灾户自建为主。建房资金应通过政府救济、社会互助、邻里帮工帮料、以工代赈、自行借贷、政策优惠等多种途径解决。"2008年汶川地震灾害之后，抗震专家组的建议则是，"对易地重建的灾区移民问题可参照《国家移民安置条例》解决"。

除法律手段之外，我国目前在采用市场手段应对自然灾害问题方面更为滞后，最典型的就是灾害保险的发展滞后。有关资料显示，在全球有关灾害损失补偿的统计中，来自保险公司的赔款要占整个灾害损失的36%以上，发达国家这一指标甚至高达80%，而在我国这个数值很低。2008年春节期间发生在南方数省的冰雪灾害，保险公司的补偿只占冰雪灾害损失的2%①。灾害保险可以有效转移并分散自然灾害所带来的风险，对受灾地区和受灾民众起到一定的补偿作用。然而，我国的灾害保险如农业保险虽然可以追溯到20世纪30—40年代，但几经跌宕起伏依然未能取得重大进展，甚至出现了持续的萎缩状态。再如20世纪80年代发展起来的森林保险，同样是时断时续进展缓慢。目前，我国开办森林保险业务的机构主要是中国人保，自1984年至2007年的24年间，中国人保平均每年承保的林木只有86.67万公顷，仅占我国森林面积1.75亿公顷（2005年林业普查数据）的0.5%，占人工林保存面积5 325.7万公顷（2005年林业普查数据）的1.6%，森林保险覆盖面

---

① 杨兆敏. 自然灾害不可避免，巨灾却教会我们如何面对［N］. 工人日报，2008-06-11.

很小①。因此，应当加快我国灾害保险事业的发展，采取措施如通过补贴、信贷支持和再保险等方式推动易灾地区购买灾害保险，并针对森林等自然资产推行强制性的保险，已经开展的政策性保险则应当不断扩大保障对象和覆盖面。

文化手段的采用不仅仅是指防灾减灾知识宣传与教育训练本身，而是应将与自然灾害防范和应对有关的知识提升到社会生活与社会文化构成成分的高度，我们人为它可以被视为是一种对人力资本与社会资本的投资。目前我国也已积极开展应急演练和逃生训练，美国、德国和日本等发达国家都非常重视应急文化的建设，将公共安全提高到了社会文化的层次，通过各种教育、培训、应急演练和应急活动来促使应急文化在社会中的沉淀，促使应急文化成为人们日常生活中的思想观念②。也有人提出了"灾害文化"的概念，所谓灾害文化，就是一个地区、一个国家或民族，在长期与自然灾害奋争中，积累形成的知识、观念（包括道德观、价值观等）、习俗以及作为一个社会成员的人长期以来所形成与习得的防御灾害的一切能力和习惯③。日本各界学者从 1982 年 3 月 21 日的北海道地震灾害的经验中总结出了"灾害文化"的理念。在容易遭受灾害袭击的地区，人们对于灾害的性质、种类、后果与影响、发生方式、灾前的准备与应急对策等，由于平时的学习和灌输，早已渗透到居民和社区内部为人们所掌握，所以在灾害发生时就发挥了巨大的作用，灾区死伤和破坏都比较轻微，而且并未发生火灾、恐震等次生灾害④。另外，日本神户大学近年还研究开发了"震灾教育系统"，以将有关地震灾害的知识和所积累的防灾减灾经验传承给下一代⑤。图 7-1 就是对该震灾教育体系的描述。因此，从目前我国的灾害文化建设进程来看，显然还属于刚刚起步的阶段，当下应当从灾害应急对策等基本的自然灾害知识的宣传教育入手，逐步形成具有我国特色的灾害文化。

① 田新程. 我国政策性森林保险迎来发展曙光 [J]. 中国林业，2009（6）：4-5.
② 司徒苏蓉. 发达国家应急文化建设及启示 [J]. 江苏社会科学，2007（2）：231-233.
③ 李德. 更需倡导灾害文化 [E3/OL]. （2008-02-28）. http://www.sciencenet.cn/.
④ 卢振恒. 提倡"灾害文化"理念 [J]. 防灾博览，2002（5）：15-16.
⑤ 北京日本学研究中心，神户大学. 日本阪神大地震研究 [M]. 宋金文，邵建国，译. 北京：北京大学出版社，2009：265.

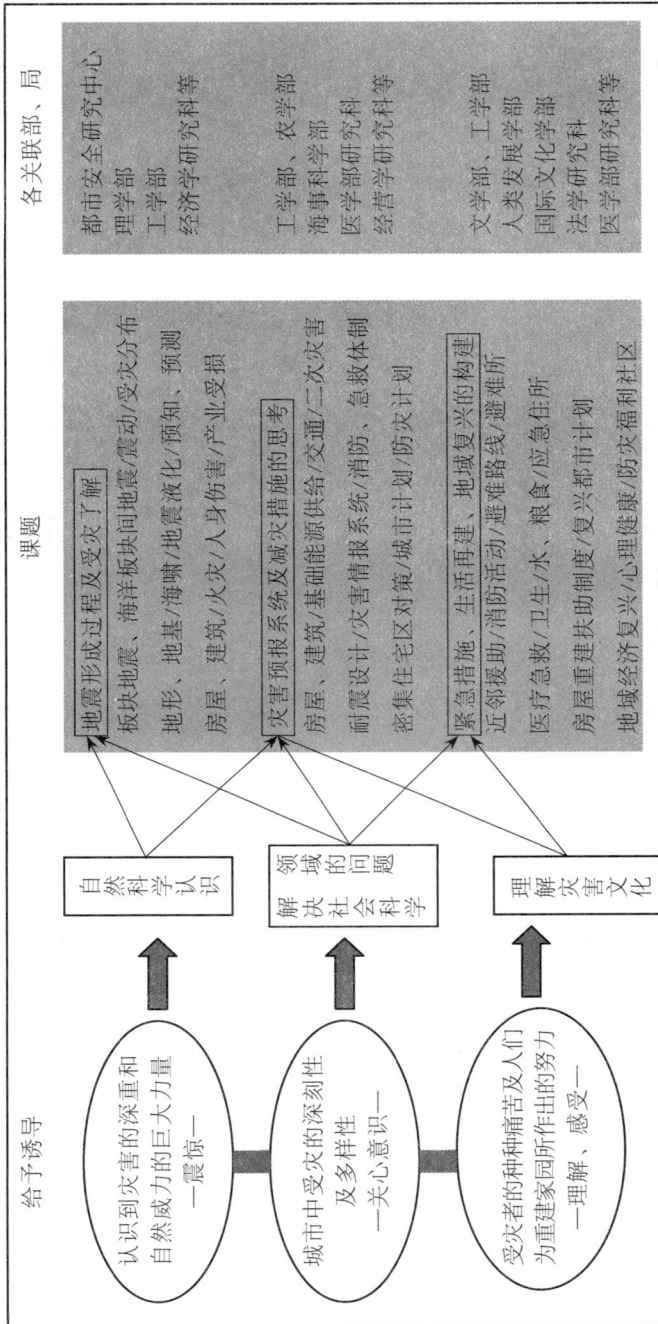

图7-1 日本震灾教育体系构成图（北京日本学研究中心、神户大学，2009）

7.2.2 提高自然灾害的防范与防御能力

减少自然灾害损失的关键在于认清然后设法降低自然灾害风险，也就是重在事前的防范与防御能力的提高。关于这一点，向来比较强调的是自然科学领域对自然灾害发生机理的研究和实施大规模的减灾工程，如各种大型水利工程建设、防沙治沙工程、"三北"防护林工程等等。然而，我们认为综合防范防御能力的提高，最为关键的是首先认清自然灾害风险及其实质，重要的是它意味着什么？其次是这种风险源自何处？最后就是设法监测和控制这些风险因素。所以，就自然灾害防范防御能力的提高这个范围实际上很广的问题（除了应急处置，其他行为应都是致力于提高防范与防御能力），我们在这里主要强调三点：一是应该重视并加强自然灾害的社会科学研究，全面深入地了解自然灾害事件及其损失与影响；二是应该加大对资源环境和生态的保护力度，从源头上降低人为因素诱发和加重自然灾害的概率；三是不断提高自然灾害风险的监测与预警预报能力，以避免和减少自然灾害事件带来的损失与影响。

7.2.2.1 重视和加强自然灾害的社会科学研究

自然灾害事件，无论是在发生之前，还是在发生之后，都绝对不是单纯意义上的自然事件。自然灾害兼具自然属性和社会属性，了解并掌握其自然属性固然重要，但对其社会属性缺乏认知则可能会事倍功半，甚至是功败垂成。目前我国的自然灾害研究，尤其是防灾减灾对策研究，非但在不同的学科和灾种之间存在着"断裂"现象，而且在总体上仍然是强调以科学技术主要支撑点的，不过这里的科学往往并不包括社会科学，或者说较少地含有社会科学的要素，如经济学、政治学、社会学、历史学、伦理学、心理学和文化学等。国内就有学者已经注意到了此类现象，并将其称为灾害研究的"非人文化倾向"，如"为了把中国古代有关灾害等所谓的'自然历史记录'与此前的地质时代生物地层资料和此后的近现代仪器观测数据连接起来，从而'形成自然史的超长资料系列'，许多学者针对自然灾害的双重属性提出了'淡化社会性'的说法，要求把灾害前后发生的宏观异常现象纳入研究的视野之中，并明确地把'自然灾害群发期'改为'自然灾异群发期'①"。事实上，简单来说，社会科学主要以人和人的行为作为研究对象，自然科学则主要以自然世界和自然现象作为研究对象，既然自然灾害是人类社会与自然世界交互作用的结果，就完全没有理由只关注自然变异活动。尤其重要的是，自然灾害所侵害的对象最终仍然是人，其不利影响只能靠人类自身来设法加以化解、消除和控制。

既然自然灾害研究是自然科学和社会科学的共同使命，重视和加强在某种程度上长期被忽视的灾害社会科学研究理应是当务之急。首先，政府应当加大支持和鼓励进行灾害社会科学研究的力度，比如通过各级各类研究项目资助的形式；其次，应当促进自然科学研究与社会科学研究的交叉和融合，这可以通过组建混合型的学术团队的形式来实现；最后，应当在制定防灾减灾对策的过程中充分吸收灾害经济学、灾害社会学和灾害伦理学等方面的研究成果。有关于此，前文（2.1.1）曾提及的美国国家科学基金会在 20 世纪 70 年代所进行的自然灾害评估，就已经给我们提供了一个很好的参照。1975 年，由后被誉为"美国自然灾害研究与管理之父"的地理学家 Gilbert F. White 和社会学家 J. Eugene Haas 所主持的美国自然灾害评估，就拆除了分割灾害研究的学科屏障，并铺设了灾害研究与灾害管理的跨学科道路。由此而出现了社会共享减灾知识的形式，并提出了多领域多途径互相融合的减灾措施②。

7.2.2.2　加大对自然资源和生态环境的保护力度

加大对自然资源和生态环境的保护力度，以提高自然灾害防范防御能力，清醒的认识固然是前提，但接下来更为重要的是付诸实际行动。就防灾减灾政策而言，我们认为目前主要应关注以下几个方面：

第一，建立易灾地区的自然资源与生态环境普查制度。早在2002 年，牛文元教授就在全国政协会议上提出，人口、资源和环境是一个国家的三大"家底"，目前人口、资源的"家底"相对清楚

① 夏明方. 中国灾害史研究的非人文化倾向 [J]. 史学月刊，2004（3）：16-18.
② 米勒蒂. 人为的灾害 [M]. 谭徐明，等，译. 武汉：湖北长江出版集团，2008：4.

了，生态环境"家底"却还没摸清，因此建议国家尽快实施生态环境普查①。事实上，无论是人类居住的整个地球、各个国家，还是只是一个地区，在某种意义上都是肯尼斯·博尔丁（Kenneth Ewart Boulding）所谓的"宇宙飞船"。易灾地区的自然资源与生态环境状况不但决定着当前和未来该地区人口的生存环境和条件，同时也孕育着各种自然灾害风险因素。只有摸清资源与环境状况，才能了解并掌握这些风险因素，从而采取相应的对策。如果说在全国范围内较为频繁地实施资源与环境普查不一定可行，但在易灾地区，由于自然灾害风险较高，建立自然资源与生态环境普查制度就势在必行而且迫在眉睫。因此，目前政府应当抓紧统一要求易灾地区的资源管理和环境保护部门尽快实施，并在资金、技术、方法和人力等方面给予大力支持。

第二，进行资源环境与经济发展的综合性决策。2005年10月，《中共中央关于制定国民经济和社会发展第十一个五年规划的建议》中专门指出："建设资源节约型、环境友好型社会。"自然资源的快速消耗甚至濒临耗竭的状态，以及生态环境的每况愈下，已经毫无疑问地表明了传统经济增长方式的不可持续性。这种不可持续的状态所包含的种种问题，其实无不与"我们的民众和政府过去所作出的那些决策紧密相关"。从对策的意义上来讲，那些导致不可持续性的决策和未能作出的正确决策问题，都需要进行资源环境与经济发展的综合考量来加以解决。2000年原国家环境保护总局颁布的《全国生态环境保护纲要》（环发〔2000〕235号）就已经指出："生态环境保护是功在当代、惠及子孙的伟大事业和宏伟工程。"在建立生态环境保护综合决策机制方面，应当"建立经济社会发展与生态环境保护综合决策机制"。具体而言，"各地要抓紧编制生态功能区划，指导自然资源开发和产业合理布局，推动经济社会与生态环境保护协调、健康发展。制定重大经济技术政策、社会发展规划、经济发展计划时，应依据生态功能区划，充分考虑生态环境影响问题。自然资源的开发和植树种草、水土保持、草原建设等重大生态环境建设

---

① 李斌，邹声文. 18位政协委员呼吁我国实施首次生态环境普查［EB/OL］.（2002-03-04.）http://www.people.com.cn/GB/huanbao/55/20020304/678852.html.

项目，必须开展环境影响评价。对可能造成生态环境破坏和不利影响的项目，必须做到生态环境保护和恢复措施与资源开发和建设项目同步设计，同步施工，同步检查验收。对可能造成生态环境严重破坏的，应严格评审，坚决禁止。"

第三，促进有利于自然资源与生态环境保护的科技进步，以节约使用自然资源，维护并促进环境生态功能的恢复与保持。技术要素是现代经济增长的重要动力，同时也是自然资源与生态环境保护的强大手段。要促进有助于资源与环境保护的科学技术的发展，首先需要扩大研发力量和科技投入。作为包含着广泛而长远的公众利益的资源环境保护科技研究，政府责无旁贷地负有组织和支持其发展的责任，政府应当积极推动资源环境保护科技研究的发展。为此，《全国生态环境保护纲要》同样指出了，"各级政府要把生态环境保护科学研究纳入科技发展计划，鼓励科技创新，加强农村生态环境保护、生物多样性保护、生态恢复和水土保持等重点生态环境保护领域的技术开发和推广工作"。另外，市场的力量同样是强大而可资利用的，所以政府还应当鼓励并规范和引导环境科技市场的发展。例如就我国环境产业的发展而言，虽然我国的环保产业发展自进入 21 世纪以来实现了跨越式的加速发展，并对环境与经济协调发展的贡献逐步变大，但仍存在着来自内部和外部的各种问题：结构发展不平衡；技术水平低，自主创新能力不足；市场管理有待进一步规范；环境法律与法规体系仍不健全[①]。

第四，加强自然资源与生态环境保护法制建设。在较近的一段时期内，人们倾向于强调环境管理手段的经济化趋势，即主要通过征税、收费、保险、信贷、价格以及补贴等多种形式，来调节边际私人成本和边际社会成本之间的差异从而调节经济主体的行为，以达到对资源的使用和污染的排放等实现一定程度控制的目的。然而，当我们专注于环境经济政策研究和制定的时候，也不应当忽略解决环境问题的经济手段自身也是存在固有局限性的，如目标的不确定性、资源可

---

① 王晗，李宏. 中国环境产业发展的制约因素与对策 [J]. 大连海事大学学报：社会科学版，2010（2）：32-34.

替代程度、不可逆性与风险、对某些既定环境损失问题无效，以及政府失灵导致的干预低效甚至失效等[①]。归根结底，法律法规仍然是最为基础性的根本保证。目前我国的资源与环境保护立法尚存在着诸多不足与缺失：环境立法尚不健全，配套立法迟缓，对部分环境违法行为没有规定相应的法律责任，行政处罚种类单一，以及环保部门缺乏必要的行政强制权等（潘岳，2009）。除了上述状态应尽快加以转变以外，我们认为，对该领域的公众参与机制进行立法也是相当重要的。如果让公众了解更多为相关信息并发表见解，对于提高防灾减灾意识和能力理应同样大有裨益。

7.2.2.3 提高自然灾害风险监测与预警预报能力

自然灾害防范防御能力的提高，不仅仅取决于对自然灾害损失与影响的认识，也不仅仅取决于建筑物质量和其他基础设施的标准，以及从源头上对自然灾害风险的消除或遏制，同样还取决于能否获取有关自然灾害风险变化以及应对方式与策略的足够信息，并使之在全社会的范围内有效地进行沟通和传递。自然灾害风险监测能力就是获取这类信息的能力，而预警预报体系的完善就意味着沟通和传递自然灾害风险信息能力的增强。《国家综合防灾减灾规划（2016—2020年）》再次明确提出：要"加快气象、水文、地震、地质、测绘地理信息、农业、林业、海洋、草原、野生动物疫病疫源等灾害地面监测站网和国家民用空间基础设施建设，构建防灾减灾卫星星座，加强多灾种和灾害链综合监测，提高自然灾害早期识别能力。加强自然灾害早期预警、风险评估信息共享与发布能力建设，进一步完善国家突发事件预警信息发布系统，显著提高灾害预警信息发布的准确性、时效性和社会公众覆盖率"。

鉴于国家和政府对提高自然灾害风险监测与预警预报能力建设的高度重视，并且已经作出了明确的规划和具体任务的安排，我们目前所要做的就是大力推进并有效执行上述内容。然而，我们认为也还有一些问题尚需进一步加以强调：

[①] 李宏，张向达. 试论环境管理中经济手段的固有局限性 [J]. 财经问题研究，2009（4）：15-19.

一是对于灾害风险监测、评估与预警预报体系的建设，不应仅仅关注如洪水、地震和台风等重大的突发性自然灾害，对于荒漠化和水土流失、农林生物灾害以及湿地和草场退化等发展变化过程相对较慢的灾害同样需要重视，以免顾此失彼。二是对相应的资金投入应当严格规范地进行管理，以保证资金投入能够真正用于改进监测设备和技术等关键性环节，从而有效地提高灾害风险监测能力。三是要重视加强预警预报机制建设，因为再先进、完备的监测体系和评估机制，如果不能有效地将有关灾害风险变化的信息及时有效地传递给决策部门和社会公众，就等于行百里者半九十。各个灾害管理部门应当及时通过媒体和通信工具等多种手段和渠道，进行灾害预警预报信息的发布和传递。

7.2.3　加强自然灾害应急处置能力建设

自然灾害应急处置能力建设始终都是防灾减灾能力建设的一个核心组成部分，因为一方面，自然灾害事件的发生终归是不可避免的，另一方面就是目前我国的防灾减灾基础设施建设仍处于比较落后的状态，其有一个逐步完善的过程。当突发性的规模较大的自然灾害发生以后，灾害发生地乃至整个国家就要进入应急处置的阶段，通常可以将灾害应急处置分为备灾、应急警备、应急反应和善后四个环节[①]。备灾包括监测、预防、评估、预案以及预演等内容，主要属于前文所述的灾前防范防御；应急警备则是在接到灾害短临预报之后，所在区域的各级政府、部门和社会团体，应当针对可能出现的危急情况迅速作出准备和反应，以最大限度减少灾害损失，主要任务包括组建抗灾救灾指挥系统和社会响应系统，以及建立覆盖各部门、各单位的预警系统和信息快速传递机制；应急反应就是应急性的抗灾救灾，如紧急救助受伤和被困人员并进行紧急转移和安置等；善后则一般是灾后受灾民众已经得到初步安置，应急工作已经结束但正常的生产和生活秩序并没有恢复，因此尚需要进一步的援助、援建和抚慰等。针对前文

---

① 原国家科委、国家计委、国家经贸委自然灾害综合研究组. 中国自然灾害综合研究的进展 [M]. 北京：气象出版社，2009：392.

所提出的问题，我们认为当前主要应该做好以下三个方面的工作：一是进一步完善自然灾害救助应急预案体系；二是建立健全应急救援的部门联动与综合协调机制；三是加强专业化的自然灾害应急救援队伍建设。

7.2.3.1　进一步完善自然灾害救助应急预案体系

自然灾害救助应急预案是政府实施灾害应急处置行动的基本方案和重要依据，健全的应急预案体系是提高自然灾害应急处置能力的关键，可以防止突发性的自然灾害来临时由于事发突然而仓促应对，从而丧失最佳的救援时机导致损失和影响的扩大。2001年，国家民政部在安徽召开了"全国救灾应急预案工作会议"，启动了我国救灾应急预案的制定工作。2003年，民政部出台了《民政部应对突发性自然灾害工作规程》，为了规范和指导地方灾害应急预案的制定，民政部救灾救济司制定了"救灾应急预案"基本内容，其基本框架如图7-2所示①。目前，我国的自然灾害应急处置体系已经基本形成，"基本建立了横向到边、纵向到底的预案体系"。最近颁布实施的《自然灾害救助条例》也明确针对"救助准备"进行了较为详细的规定，如该条例第八条指出："县级以上地方人民政府及其有关部门应当根据有关法律、法规、规章，上级人民政府及其有关部门的应急预案以及本行政区域的自然灾害风险调查情况，制定相应的自然灾害救助应急预案。""自然灾害救助应急预案"应当包括下列6个方面的内容：自然灾害救助应急组织指挥体系及其职责；自然灾害救助应急队伍；自然灾害救助应急资金、物资、设备；自然灾害的预警预报和灾情信息的报告、处理；自然灾害救助应急响应的等级和相应措施；灾后应急救助和居民住房恢复重建措施。然而，如前文所述，我国自然灾害救助应急预案体系到目前远未完善，特别是基层救助应急预案的制定尚未完成，而现有的部分预案也缺乏科学性和可操作性。

---

① 李保俊，等. 中国自然灾害应急管理研究进展与对策 [J]. 自然灾害学报，2004（6）：18-23.

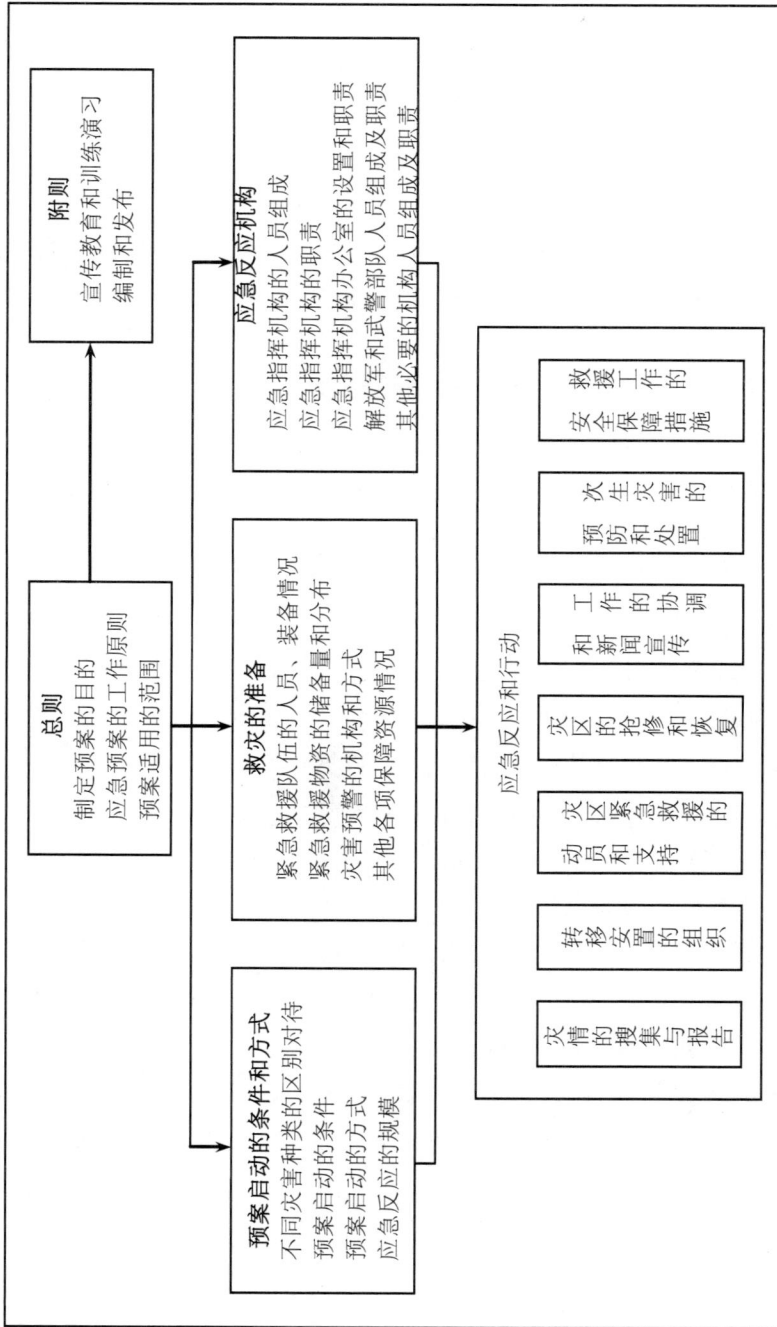

图 7-2 自然灾害救助应急预案的基本框架（李保俊等，2004）

2008年12月，国家民政部就印发了《民政部关于加强自然灾害救助应急预案体系建设的指导意见》（民发〔2008〕191号），为进一步完善我国的自然灾害救助应急预案体系指出了明确的措施和办法。为提高救助应急预案的可操作性，应当重点注意以下7个方面：一是将救助应急预案列为本级政府的专项预案，争取以本级政府名义印发，预案覆盖的自然灾害种类应当全面；二是确保要素齐全，完整的预案应当包括预案制定依据和目的、适用范围、组织指挥机构、应急准备、灾情信息管理、预警响应、应急响应、灾后救助、民房恢复重建和预案管理等内容；三是科学设定启动指标，设定的指标要具体、量化、完整，要设定特殊情况下启动预案的条件；四是合理划分响应等级，省级救助应急预案最好设四个响应等级，市、县两级最好不少于三个响应等级；五是注意相互衔接，在响应等级、启动条件以及响应措施等方面，要与同级其他预案和上下级救助应急预案相衔接；六是细化响应流程和措施，明确各项应急救助工作内容，详细规定各响应级别工作流程；七是规范文本体例，按照国内外通行惯例，规范预案文本的章、节、款、项体例结构和标题。

7.2.3.2 健全自然灾害应急救援的部门联动与综合协调机制

应急救援非但要求在紧急状态下作出正确而快速有效的反应，同时也是一项需要通力协作的系统工程。在应急救援的过程中，在政府和指挥机构的统一领导下，担负灾害管理职能的处于不同行业和地区的各个部门，如民政、国土资源、农业、林业、海洋、地震以及财政等，需要就资金、物资、通信和信息、救灾装备、人力资源以及社会动员等多个方面作出明确部署和通力合作。由于需要整合不同地区、行业和部门的多种资源，联动协调机制的健全程度就成为应急处置效率高低的关键因素。对于参与应急救援的不同部门和机构而言，联动与协调始终是一项严峻的挑战。事实上，诸多的实践与研究也都表明，各个部门和机构之间的联动与协调常常都并不理想。要实现建立健全统一指挥、综合协调、分类管理、分级负责、属地管理为主的灾害应急管理体制，形成协调有序、运转高效的运行机制，就必须首先健全部门联动与综合协调机制。

应急协调就是要使得应急管理活动中的多个行为主体为实现共同

的目标而彼此互动、合作的过程。在不同机构和部门之间进行综合协调的主要目的就是：避免碎片化，实现整合化，防止应急服务出现缺失或重复的现象，以降低行政成本，并满足公共安全需求①。西方发达国家的应急管理工作起步较早，应急管理体系已经较为成熟，相关的经验我们可以大量加以吸收和借鉴，如美国国防部灾害管理与人道主义援助中心（DMHA）早在 20 世纪 80 年代就指出，在灾害应急救援状态下，人力和各种资源的传统分工发生了改变，对于在各个参与应急救援的部门和机构之间进行多组织和多学科的合作的需求迅速上升。没有这种合作，各种资源就不能够根据需求进行分配。与应急救援相关的行动，如搜救、交通管制、医疗和运送伤员等，在联动与协调机制不健全的条件下，可能会以一种松散、自发的形式组织起来，并且没有充分有效的沟通和控制。FEMA 也曾给出一个联动协调机制不健全而导致应急救援行动低效的典型例子：在一场大范围的火灾紧急状态中，供水部门向市民发出呼吁，请求市民将用户量保持在最低水平以保证消防队所需要的水压。然而，在同一时候，消防部门官员却在电视上指导市民用橡胶软管把屋顶弄湿。2004 年，美国国土安全部建立了突发事件管理系统（National Incident Management System，NIMS）和国家响应预案（National Response Plan），2008 年又将国家响应预案改为应急框架（National Response Framework）以体现指导性目的。在 NIMS 中，标准化的应急指挥体系（Incident Command System，ICS）是一个重要组成部分，它对各个部门和职位的职责都进行了明确的规定。ICS 的一个重要机制就是"联合指挥（Unified Command，UC）"，当事件涉及多个部门或多个辖区时，联合指挥就可以更好地对应急资源和联合行动加以综合性的协调②。

　　因此，当前健全我国自然灾害应急救援的部门联动与综合协调机制的关键主要在于三个方面：一是联动主体的职责和权限划分是基本前提，担负自然灾害管理职能的各个部门和机构在应急救援行动过程中的权责必须明确，中央政府必须就重大自然灾害应急救援行动的职责和权

① 王宏伟. 美国的应急协调：联邦体制、碎片化与整合 [J]. 国家行政学院学报，2010（3）：124-128.
② 陈涛. 美国应急指挥体系简介 [J]. 消防与生活，2009（11）：44-46.

限在不同地区和不同部门之间进行明确合理的分配，扫除一切可能存在的障碍因素，以避免相互推诿或者相互重叠；二是各个部门之间的充分沟通是实现合作的重要保证，各个部门和机构必须就有关应急救援的计划和行动方案，通过搭建信息平台、部门会商等方式事先进行充分和有效的协商与沟通；三是应该以灾害事件演变过程中的相关信息为基础，实现动态性的决策。因为灾情是会发生变化的，受灾地区和灾民的需求也会呈现出一个动态变化的过程，灾害管理部门和机构应当及时掌握有关的信息，并据此进行应急管理决策。总体来说，我们既要认识到灾害应急救援决策过程中，会遇到许多不同于常态决策的问题，同时也要注意到在统一指挥之下，各个部门的充分而有效沟通始终是决定应急救援行动成败的最为关键的因素。

7.2.3.3 加强专业化的自然灾害应急救援队伍建设

应急救援队伍是执行应急预案，实现应急救援联动协调机制的主要载体。没有专业化的应急救援队伍，再完备的应急预案和再健全的联动协调机制，都只能是纸上谈兵。然而，受经济发展水平和"条块分割"管理模式的限制，我国的自然灾害应急救援队伍在综合性和专业化程度等方面仍然比较欠缺，如经费和器材装备不足，队伍分散且整体素质不高等，尤其是在落后地区和基层中此类现象更为突出。为了进一步完善我国的应急救援队伍建设，早在 2009 年国务院办公厅就出台了《国务院办公厅关于加强基层应急队伍建设的意见》（国办发〔2009〕59 号），这无疑为自然灾害应急救援队伍建设指明了方向。其所提出的"建设目标"是："通过三年左右的努力，县级综合性应急救援队伍基本建成，重点领域专业应急救援队伍得到全面加强；乡镇、街道、企业等基层组织和单位应急救援队伍普遍建立，应急志愿服务进一步规范，基本形成统一领导、协调有序、专兼并存、优势互补、保障有力的基层应急队伍体系，应急救援能力基本满足本区域和重点领域突发事件应对工作需要，为最大限度地减少突发事件及其造成的人员财产损失、维护国家安全和社会稳定提供有力保障。"其所指的应急救援队伍的"综合性"主要体现在应急救援队伍除承担消防工作以外，同时承担包括自然灾害、建筑施工事故、道路交通事故、空难等生产安全事故，恐怖袭击、群众遇险等在内的社会安全事件的抢险救援任务，同时还要协助有关专业队伍做好水旱灾害、气象灾害、地质灾害、森林草原火灾、生物灾害、矿山事故、危险化学品事故、水上事故、环境污染、核与辐射事故和突发公共卫生事件等突发事件的抢险救援工作。因此，基层专业应急救援队伍体系主要由防汛抗旱队伍、森林草原消防队伍、气象灾害和地质灾害应急队伍、矿山和危险化学品应急队伍、公用事业保障应急队伍、卫生应急队伍以及重大动物疫情应急队伍等构成。所以，就本书所讨论的自然灾害应急救援队伍而言，最主要的是实现专业化，并在一定程度上辅以综合性。

《国务院办公厅关于加强基层应急队伍建设的意见》已经就我国的应急救援队伍建设指出了包括明确领导责任、完善运行机制、加大经费保障以及完善相关政策等在内的保障制度框架，要建设专业化的自然灾害应急救援队伍，提高灾害应急处置能力，还必须进一步做到以下几点：一是应当对现有的各部门自然灾害应急救援队伍和力量进行资源整合，在部门联动与协调机制之下建立应急救援队伍行动的指挥平台，应当彻底改变"消防队"单打独斗的局面。二是应当对各类灾害应急救援队伍进行应急救援能力培训。正如《中国的减灾行动》白皮书（2009）所指出的，"各级政府会同有关部门采取集中培训和自主培训相结合的办法，组织开展对企业负责人、管理人员和各类应急救援队伍的防灾减灾和应急管理培训工作，提高它们在灾害突发情况下实施救援、自身防护和协同处置的能力"。三是开展重大自然灾害应急救援行动演练，对应急救援能力进行科学评估以不断改进。总之，"专业化"应当是自然灾害应急救援队伍建设的核心理念，不断增强应急救援队伍的专业化程度是提高应急处置能力的重要保障。

7.2.4 科学规划和实施灾后恢复与重建

灾害不会永远消失，生活也仍将继续。当自然灾害事件的威胁和直接危害得到了初步控制，应急处置工作基本结束以后，如何进行受灾地区生产与生活秩序的恢复就成为最为重要的任务。《中华人民共和国突发事件应对法》第五十九条明确规定："突发事件应急处置工作结束后，履行统一领导职责的人民政府应当立即组织对突发事件造成的损失进行评估、组织受影响地区尽快恢复生产、生活、工作和社会秩序，制订恢复重建计划，并向上一级人民政府报告。"并且，"受突发事件影响地区的人民政府应当及时组织和协调公安、交通、铁路、民航、邮电、建设等有关部门恢复社会治安秩序，尽快修复被损坏的交通、通信、供水、排水、供电、供气、供热等公共设施。"因此，灾后的恢复重建的第一步应当是对灾害损失与影响进行全面评价，从而决定灾后恢复的关键环节和步骤。一般地，灾后恢复重建主要包括人口安置、住房修复和重建、重要基础设施重建、水电、交通以及工商业的全面恢复等等，各级政府必须就恢复重建工作制定总体规划和专项规划，并明确各个政府部门的相关职责和行动方案。我们通过图 7-3 对灾后恢复重建规划的基本框架与主要内容进行了总结，具体包括专项规划、制定和实施规划的主要有关部门以及恢复重建的主要工作任务。

首先，灾后的恢复与重建规划应当与可持续发展联系起来。灾后的恢复与重建相比灾前预防和应急处置，更是一项浩大的社会系统工程。灾后的恢复与重建工作，不应当仅仅停留在传统的救灾与安置的意义上，更应该是从可持续发展战略的高度来加以考虑。正如我们在本书所反复重申的思想之一，自然灾害不仅仅有其自然属性和自然异变的原因，许多人为因素同样是重要的诱因，或加重了自然灾害的损失与影响程度。从可持续发展的角度对自然灾害及其造成的损失与影响来进行分析，那么，狭隘和短视的发展模式以及对待自然环境和科学技术的错误态度，往往是导致损失产生的重要原因。从而，问题的解决之道就必然在于将减灾与可持续发展联系起来。由此，灾后恢复与重建既不应该是以完全恢复到之前的生产与生活状态为目标，也不应该仅考虑人口安置、住房重建和基础设施等物质财富的恢复，而更应当考虑"可持续生计（Sustainable Livelihoods）[①]"、防灾减灾理念的提升和体系的更加完善等等。

[①] "可持续生计"的概念大约最早见于世界环境和发展委员会的报告，1992 年联合国环境与发展大会（UNCED）采用了这一概念，主张把稳定生计作为消除贫困的主要目标。1995 年《哥本哈根宣言》中则有这样的表述："使所有的男人和妇女通过自由选择的生产性就业和工作，获得可靠和稳定的生计。"红十字会与红新月会国际联合会（International Fedration of Red Cross and Red Crescent Societies）对以可持续生计作为主流的减灾工具之一，曾有指导性的说明，指出"可持续生计"一般包含了为谋生所需要的能力、资产和活动，生计是可持续的意味着，能够从外部的压力和冲击之下恢复，并保持或增加了当前和未来的能力与资产。具体可参见灾害防御协会网站，www.proventionconsortium.org。

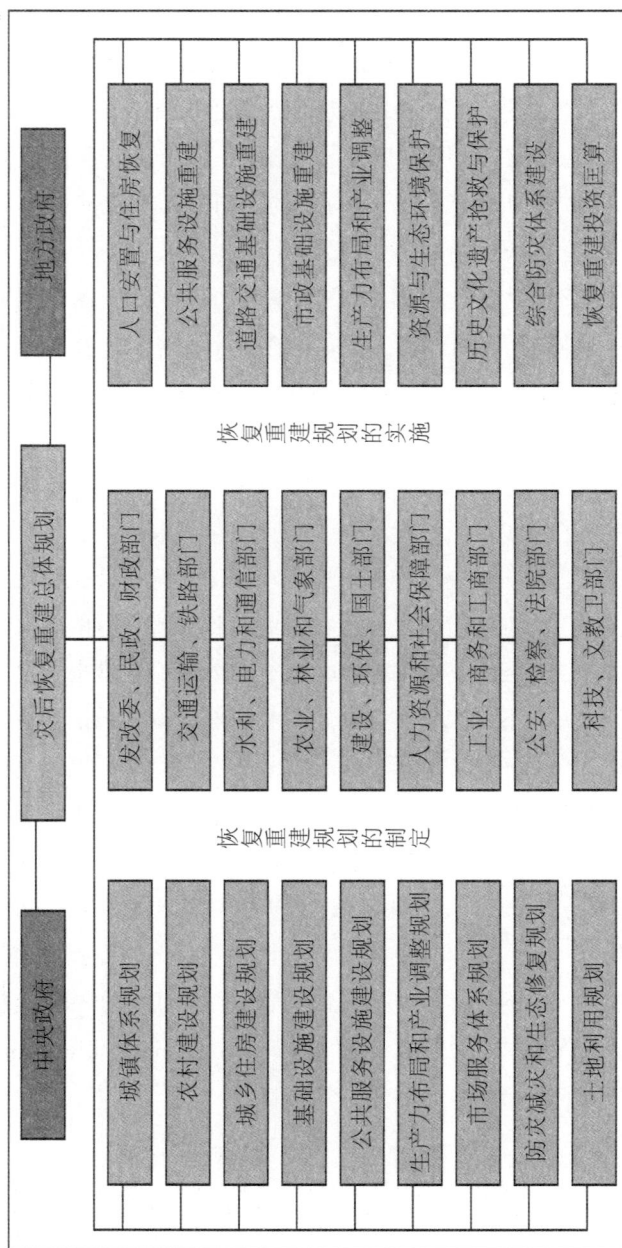

图 7-3 灾后恢复重建规划的基本框架与主要内容

依照我们对于自然灾害国民财富损失的分析，物质资本损失需要补偿，人力资本、自然资本以及社会资本损失更加需要补偿，否则受灾地区的今后发展就是难以持续的。就人力资本损失补偿来说，灾后恢复重建规划应当考虑到"可持续生计"问题，使得受灾的家庭和个人能够获得为改善长远的生活水平和质量所需要的能力与机会，因此培训和就业机会就非常重要。例如根据四川、甘肃和陕西三省的统计资料，对比2007年末和2008年末的三省就业人员数量和构成可以发现，虽然总体的就业人员数量并没有减少，甚至是增加了，然而从就业结构上看，第二、三产业就业的比例都大大降低了，而第一产业就业人员比例大大增加。这至少反映出了就业机会的大幅度变动，如果考虑第一产业就业属于劳动密集型，容易产生隐性失业问题，那么灾后的恢复重建就必须考虑如何增加能够维持长远生计的就业机会的问题。再如，自然资本损失补偿与恢复同样是一个极为重要和紧迫的任务，而且，除了要对环境污染和生态资源破坏情况进行评估以外，更应当从潜在的、长期的影响要素出发，使灾后重建规划体现人与自然真正协调的高水平，必须要将环境与生态安全及其承载力放在第一位[①]。另外，灾害给受灾地区和灾民带来的历史文化遗产损失和巨大的心理创伤与后遗症等等，使得文化重建同样构成了灾后重建的重要内容。从刚刚过去的汶川大地震和青海玉树地震的灾后恢复重建工作来看，国家高度重视各项恢复重建工作，并曾专门就汶川地震灾害恢复重建颁布了《汶川地震灾后恢复重建条例》（国务院第526号令），所包括的内容涉及过渡性安置、调查评估，恢复重建规划的制定、实施和资金筹集与政策扶持以及监督管理等等，而且不但强调物质财富的恢复，也强调了生态损害、资源环境承载能力，以及文物抢救和保护等资产的修复。这表明灾后恢复重建的可持续发展理念已经深入人心并被纳入防灾减灾政策之中，接下来所要做的就是不断总结经验，加强贯彻与执行以改进政策实施的效果。

其次，灾后恢复重建由政府主导，但同时更应对受灾地区的自生能力和社会参与予以重视和强调。灾后恢复重建工作涉及人口安置、住房

---

① 金磊. 灾区可持续重建问题概要——兼论灾后重建的科学管理学问题 [J]. 科学新闻，2008（14）：30-32.

重建、基础设施重建、生产力布局调整、土地利用、生态修复、环境整治、防灾减灾体系建设以及文化重建等多个方面的内容，需要大量的重建资金和财税、金融、土地、产业和援助等一系列政策的支持。如果说在应急处置阶段不惜投入大量人力、物力和财力以挽回群众的生命和财产损失，主要依靠各级政府来布置和实施，那么就生计恢复和长远发展来说，灾后恢复重建过程中必须充分调动和发挥受灾地区和民众的主观能动性。同时，如果说应急救援是一个自上而下的过程，那么恢复重建就应当是一个自下而上的过程，因为无论是家庭生计的恢复，还是工商业生产的恢复，都只有受灾地区和灾民最了解自身的恢复重建需求，而也只能是受灾地区的政府和民众自己去逐步推动、实施。正如英国的人道主义行动责任与执行主动学习网络（ALNAP）①针对灾后应对所指出的，在救灾过程中，政府和救灾机构的规划不应该夸大救灾的需求，而应该很快进入重建阶段，从事重建活动。救灾机构应当让受灾地区了解重建计划，使受灾的家庭能够据此制订自己的重建计划。

　　以汶川地震灾害为例，《汶川地震灾后恢复重建条例》所指出的灾后恢复重建的第一条原则就是："受灾地区自力更生、生产自救与国家支持、对口支援相结合。"然而，根据 2008 年 9 月 19 日印发的《国务院关于印发汶川地震灾后恢复重建总体规划的通知》（国发〔2008〕31号），灾后恢复重建规划所涉及的范围为四川、甘肃、陕西 3 省处于极重灾区和重灾区的 51 个县（市、区），总面积 132 596 平方千米，乡镇1 271 个，行政村 14 565 个，2007 年末总人口数 1 986.7 万。重建目标是："三年左右时间完成恢复重建的主要任务，基本生活条件和经济社会发展水平达到或超过灾前水平，努力建设安居乐业、生态文明、安全和谐的新家园，为经济社会可持续发展奠定坚实基础。"因此，这无疑是一项十分艰巨的任务。在这个庞大的系统工程的实施过程中，单纯依靠政府救助、社会捐赠和外来援建不仅不能从根本上解决问题，而且还可能会助长少数受灾群众逐渐形成依赖救助、对政府期望过高的心态。

---

①　人道主义行动责任与执行主动学习网络（Active Learning Network for Accountability and Performance in Humanitarian, ALNAP）是英国"海外发展研究所"（Overseas Development Institute, ODI）属下的组织，它是 1997 年针对多家机构对卢旺达屠杀进行评估的需要而建立起来的，ALNAP 致力于通过加强学习和责任感来改善人道主义行动。

同时，有国际经验表明，受灾群众参与灾后恢复重建的程度越深，受损的生活秩序就越是能尽快地得到恢复。例如巴基斯坦政府在 2005 年 10 月南亚大地震恢复重建中强调自食其力与自给自足，强调受灾人口迅速重新投入经济活动，并以对灾区公众需求和能力的参与式评估作为恢复重建规划的制定基础，充分调动了地方的资源和潜能，人们在恢复重建的次序上达成共识，受灾地区的正常生活秩序快速回归[①]。

最后，在恢复重建过程中应当保持政策的透明度，并跟踪实施情况不断作出相应的调整。通过建立政策实施的公众信息服务系统和信息公开及通报制度等做法，搜集、整理并公开有关信息，同时广泛吸纳多方意见，不但有利于施政主体和受灾民众各自以及相互之间的交流与沟通，及时地总结和推广有益的经验和做法，而且能针对存在的问题适时加以及时调整，如《国务院关于做好汶川地震灾后恢复重建工作的指导意见》（国发〔2008〕22 号）就曾明确指出，要定期公布灾后恢复重建进展情况，做到公开透明，有效发挥舆论监督的作用。截至 2009 年年底，四川、甘肃、陕西三省灾后恢复重建项目已开工 34 400 多个、完工项目 25 600 多个，完成投资 6 545 亿元，占规划总投资的 65.5%。在全国上下的大力支持和各方面的积极援助下，"5·12" 汶川特大地震灾后恢复重建工作，按照三年任务两年基本完成的目标要求取得重大进展[②]。然而，在灾后恢复重建的过程中也发现了一些问题。例如，2009 年 6 月至 11 月，国家审计署和地方审计机关对用于灾后重建项目的规划投资的调查审计发现，在规划总体投资为 2 607.72 亿元的 6 960 个汶川地震灾后重建项目中，有 2.3 亿元重建资金被违规使用，重复申请了灾后恢复重建资金 2.4 亿元[③]。2010 年 7 月，国家审计署又公布了对总投资为 2 690.7 亿元的 9 561 个项目的跟踪审计情况，结果发现部分项目仍未开工，造成了 1.1 亿元中央资金被闲置。另外还存在部分项目勘

---

① 王健，等. 尊重群众意愿，发挥群众在灾后重建中的主体作用 [EB/OL]. (2009-06-22). http://www.cdss.gov.cn/yanjiu/SHFZ/wj/1125.htm.
② 佚名. 政府工作报告解读：汶川地震灾后恢复重建取得了哪些重要进展？ [EB/OL]. (2010-03-19). http://news.xinhuanet.com/politics/2010-03/19/content_13205409.htm.
③ 国家审计署：《汶川地震灾后恢复重建跟踪审计结果（第 2 号）》，2010 年 1 月 27 日。

察设计不到位、未批先建、投资控制和管理不严格等问题[①]。在审计部门指出了上述问题之后，所存在的问题都立即得到了有效整改或者由有关部门依法立案进行了查处，从而发挥了有效的社会监督作用。

7.2.5　进行自然灾害国民财富损失评估

正如我们在本书始终反复强调的那样，灾害损失是自然灾害管理和防灾减灾政策制定的最基本依据，无论是灾前预防措施还是灾中应对以及灾后恢复重建活动，都是为了预防、控制和减少灾害损失。自然灾害损失的国民财富观，实际上指出了自然灾害损失的本质，即自然灾害带来了包括物质资本、人力资本、自然资本和社会资本等在内的，我们赖以生存和发展的国民财富的损失，从而明确了自然灾害管理和防灾减灾政策的根本目标。为了更好地服务于自然灾害管理以及防灾减灾政策制定，目前需要尽快地对我国的自然灾害损失统计标准进行严格统一，另外今后还需要逐步扩大对自然灾害损失的统计范围，以避免因损失错估、漏估而导致的对自然灾害损失与影响的错误判断。

首先，尽快统一自然灾害损失统计标准。如前所述（本书 6.3.1），在"条块分割"的管理模式下，我国的自然灾害灾情统计标准的制定涉及多个部门，如民政、农业、水利、环境保护、国土资源、地震、林业、海洋和气象等，其中只有民政部和环境保护部对我国的自然灾害灾情统计涵盖了大部分灾害类型。然而，目前对于我国的自然灾害损失情况，无论是分灾种的详细信息，还是汇总的直接经济损失，都存在着难以获取或者不一致的问题，面向公众发布的年度自然灾害直接经济损失统计数据通常也是不准确的。

目前民政部最新的灾情统计标准是 2008 年 5 月 7 日印发的《自然灾害情况统计制度》（民函〔2008〕119 号），具体包括了"自然灾害情况"（快报）、"自然灾害损失情况"（半年报、年报）、"救灾工作情况"（半年报、年报）等 3 种统计报表，另外附有"因灾死亡人口台账"、"因灾倒房户台账"和"冬春因灾生活困难政府救济人口台账"3 种报

[①]　国家审计署：《汶川地震灾后恢复重建跟踪审计结果（第 3 号）》，2010 年 7 月 30 日。

表。然而，在民政部的灾情统计中对"灾害种类"指标的解释是指旱灾（包括干热风）、洪涝（包括暴雨洪涝、融雪洪涝、冰凌洪涝、溃坝洪涝、风暴潮洪涝和山洪灾害等）、风雹（包括冰雹、大风、龙卷风、雷暴和沙尘暴灾害等）、台风（包括热带低压、热带风暴和强热带风暴等）、地震、低温冷冻和雪灾（包括冻害、冷害、寒潮灾害和雪灾等）、高温热浪、滑坡和泥石流（包括崩塌、地面沉陷、地裂缝等）、病虫害和其他灾害等。显然，这里没有包括海洋灾害、森林火灾和草原火灾。

《国家自然灾害救助应急预案》中对自然灾害的界定是：给人类生存带来危害或损害人类生活环境的自然现象，包括洪涝、干旱灾害，台风、冰雹、雪、沙尘暴等气象灾害，火山、地震灾害，山体崩塌、滑坡、泥石流等地质灾害，风暴潮、海啸等海洋灾害，森林草原火灾和重大生物灾害等自然灾害。以此作为对照，国家环境保护部主持并会同国家发改委等有关部门共同编写的《中国环境状况公报》（年度报告）[①]，则包括了气象灾害、地质灾害、地震灾害、海洋灾害、森林病虫鼠害和森林火灾、草原病虫鼠害和草原火灾，也就是说除了农作物病虫害基本囊括了我国所有类型的自然灾害情况。但是，关于森林和草原灾害，只是给出了受灾区域和面积，并未估计直接经济损失情况。

以 2009 年自然灾害直接经济损失情况为例，2010 年 1 月，民政部会同国土资源部、水利部、农业部、统计局、地震局、气象局和海洋局等部门对 2009 年全国自然灾害损失情况进行了全面会商和核定。结果显示，2009 年我国因灾直接经济损失为 2 523.7 亿元。而根据 2009 年《中国环境状况公报》，2009 年我国因气象、地震、地质和海洋灾害所造成的直接经济损失为 2 644 71 亿元，这还并未包括森林和草原的病虫鼠害和火灾所造成的直接经济损失（根据我们在本书 5.3.2 的保守估计，这部分损失至少约为 78 亿元）。另外，如果根据《中国统计年鉴》，我们又只能得到地震、地质灾害、主要海洋灾害、森林火灾的直接经济损失情况。我国水旱灾害详细情况是由水利部统计并公布的，地

[①] 以 2010 年 5 月 31 日公布的 2009 年《中国环境状况公报》为例，国家环境保护部作为主持单位，成员单位具体包括：国家发展和改革委员会、国土资源部、住房和城乡建设部、水利部、农业部、原卫生部、国家统计局、国家林业局、中国气象局、中国地震局、国家海洋局等 11 个部门。

质灾害情况则是由国土资源部通报的。

因此，政府和社会公众广为引用的自然灾害经济损失数据通常都是不全面的，即便是较易估计和计算的直接经济损失统计数据也是如此。这里我们还没有进一步考察各项具体指标的计算标准问题，如各部门对直接经济损失计算方法的规定，其中部分是因为灾害种类不同而必然有异，如国家地震局 1997 年颁布的《地震灾害损失评估工作规定（暂行）》对于地震灾害直接经济损失的规定就显然不同于其他部门，对于房屋建筑和工程结构的分类和损失比的设定也是如此。另外，各自然灾害管理部门之间还存在着相互援引而最终莫衷一是的情况，让人们不知道统计数据究竟从何而来，又该以谁公布的为准。由此，我们建议政府尽快统一灾害损失统计标准，尤其是统计范围和主要的一些统计指标。对于难以准确统计的不一定要强令以何种方法计算，关键在于口径应当统一，最后可以汇总形成对自然灾害总体灾情较为全面的反映。具体的工作应当由作为综合协调机构的国家减灾委来承担，今后的灾害损失情况也可以由国家减灾委汇总各部门的统计数据，然后向全社会公布。

其次，逐步扩大自然灾害损失统计范围。在统一自然灾害损失统计标准之后，就应当逐步扩大对自然灾害损失的统计范围，因为直接经济损失仅仅是自然灾害损失的一个"下限"而已，如果仅仅基于这个下限来作为防灾减灾政策制定的基本依据，后果将不堪设想。我们认为，目前应当借鉴"绿色国民经济核算"的思路和方法，逐步先行考虑将自然资本损失纳入灾害损失统计范围。

就直接经济损失统计而言，首先应当把森林灾害、草原灾害以及水土流失和荒漠化等所造成的直接经济损失纳入自然灾害直接经济损失。在国家减灾委的综合协调下，民政部门应当和农业、林业、国土资源、海洋以及环境保护等部门协作，针对我国每年发生的森林灾害、草原灾害和荒漠化等情况，作出直接经济损失的估计并与其他灾害直接经济损失合在一起进行汇总。紧接着，可以考虑逐步将土地、森林和草原等自然资源的环境价值损失纳入灾害损失统计范围。尽管作为非使用价值难以准确计量，但是自然财富同样是国民财富的重要组成部分，如森林资源除了林产品的价值，还包括了水分调节、防洪御旱、气候调节、环境保护、固碳释氧、维持生物多样性以及景观等多种价值。

在具体操作层面，应当首先通过整合各部门现有的资源来逐步加以推进，如目前国家环境保护部直属的中国环境监测总站所发布的《全国环境质量状况》，其中就有"自然灾害对环境质量的影响"，不过还比较简单。以"汶川大地震"为例，"汶川地震灾后一个月，灾区城市集中式饮用水源地和乡镇饮用水源地平均达标率为98%；地表水、空气质量未见异常；地震灾害没有造成环境质量明显变化。"然而，"地震灾区植被丧失面积为 64 314 公顷，占地震重灾区自然生态系统面积的2.8%；造成耕地受损面积达 13 466 公顷，占重灾区耕地面积的0.6%；地震导致大熊猫栖息地受到严重影响及破坏的面积占灾区栖息地面积的11.5%。"抗震救灾专家组对重灾区不同生态系统服务功能损失的评估表明，如果考虑降水和余震的影响，认为重灾区生态系统损毁程度将为主震发生一周后的 4 倍，进而估计到重灾区生态服务功能损失导致的经济价值损失约 77.59 亿元/年（若按 0.15%的纯时间偏好贴现率计算则总财富价值损失约为 5 172.67 亿元）①。因此，今后我们可以通过推进灾害环境影响评价来逐步将自然灾害所导致的自然财富损失纳入损失统计范围，以作为灾害管理部门和社会公众采取防灾减灾对策所需要的更为科学合理的依据。

7.2.6 深入动员和有效组织社会各界力量

我国历来重视防灾减灾的社会参与问题，积极鼓励并推动社会各界力量参与防灾减灾事业，以不断提高全社会的防灾减灾意识和能力。在这一方面，慈善事业和捐助活动的日常化和社会化发展的不断加快，的确应当是为人所称道。另一方面，我国已经于 2007 年开始开展了减灾示范社区创建活动，各种形式多样的防灾减灾宣传教育活动也已蓬勃展

---

① 抗震救灾专家组分三种情景对重灾区生态系统服务功能损失的情况进行了评估，这里引用的是"情景 2"的估计损失，"情景 1"之下为 19.3 亿元/年，"情景 3"之下则为 194.2 亿元/年。详见：国家减灾委员会、科学技术部抗震救灾专家组 . 汶川地震灾害综合分析与评估［M］. 北京：科学出版社，2008：209. 另：括号内的总财富损失估计则是笔者以类似"永续年金"的计算方法简单计算得到的，这意味着生态系统是可持续的。

开，并取得了积极的效果。然而，我们认为，社会力量参与，慈善捐助以及宣传教育，乃至灾害保险，固然都有助于整个国家和社会防灾减灾意识和能力的提高，但更为关键的是能否通过广泛的动员和宣传，推动防灾减灾理念实现根本性的合理转变，以及如何针对参与到防灾减灾事业中的社会各界力量进行有效的组织。

第一，应当大力提倡和再造人与自然和谐共存的文化价值观，这是现代社会防灾减灾理念的根本基石。在当前这个科学技术高度发达的工业化时代，一个最易导致环境和灾害问题的根本性不良倾向就是，人们过于相信和依赖科技的力量，总认为现代科技可以解决一切问题，直至包括资源枯竭、环境污染和自然灾害影响等问题在内。然而，经济学研究和经济发展决策所关注的效率状态，往往并不对应于人们希冀和追求的理想的人类社会的发展目标。归根结底，所有问题都指向了环境价值与人类要到达的终极目标的问题。以人类中心论的观点来看，资源与环境所具有的不外乎是工具价值，那么人类只需要考虑对资源与环境实现最优利用即可。但是，现代科技几乎已经使我们确信人类并不能真正"驾驭"自然界，相反倒是与生俱来地依赖于自然环境和生态资源[1]。所以，"人定胜天"最终只能是幻想，或者说只能是附加很多限定条件的理想，但这些限定条件却是不切实际的。

我国自古以来就是礼仪之邦，有着许多讲求"天人合一"的思想传统和风俗习惯，其中不乏现代社会应当加以秉承和维护的宝贵思想精髓，如老子说："圣人不积，既以为人，己愈有；既以与人，己愈多。天之道，利而不害；圣人之道，为而不争[2]。"亚圣孟子也曾说过："不违农时，谷不可胜食也；数罟不入洿池，鱼鳖不可胜食也；斧斤以时入山林，材木不可胜用也。谷与鱼鳖不可胜食，材木不可胜用，是使民养生丧死无憾也。养生丧死无憾，王道之始也[3]。"西方学者也未尝没有注意到古代中国的大智慧，并为之所深深吸引，如曾于 1923 年提出"生

---

① 张向达，李宏. 资源与环境经济研究的伦理思考 [J]. 伦理学研究，2010（1）：69~72.
② 《道德经·德经》。
③ 《孟子·梁惠王》。

物平等主义（boi-egalitarianism）"的法国思想家 Albert Schweitzer 就曾坦言，他从中国古代哲学中受到了极大的启示，他称赞老子、孔子、孟子、墨子等中国思想家把人与自然的交往过程归结为追求伦理目标的过程，"强调人通过简单的思想建立与世界的精神关系，并在生活中证实与它合一的存在"，表现了"奇迹般深刻的直觉精神①"。因此，我国从来就是具备塑造人与自然和谐发展的文化价值观的思想基础的，当前主要在于将宣传动员和灾害文化建设提高到文化价值观再造的层次。"当足够多的人们改变他们对事物的看法时，答案常常以我们未改变前难以想象的方式不言自明。②"

第二，通过防灾型社区建设，以及慈善捐助和志愿者制度的完善等方式与途径，有效地组织社会各界力量参与到防灾减灾事业发展之中。

家庭和社区无疑是防灾减灾能力建设的最基本单元，而考虑到单个家庭的力量终究是有限的，所以如何经由社区将各个家庭的力量有效地组织起来预防和应对自然灾害风险，是提高全社会防灾减灾能力的必由之路。从实际的灾害情境来看也是如此，社区对灾害有所准备是非常重要的，因为大部分幸存者往往都由朋友和邻居救出的，而并不是依靠有组织的救援队伍，如 2001 年印度古吉拉特（Gujarat）地震和 2006 年印度尼西亚日惹（Yogyakarta）地震以及 2004 年印尼海啸。在海啸灾难中，印度尼西亚有 91%的获救者表示，他们是被个人所救。既然如此，防灾型社区建设也就必然成为有效组织群众力量抵御自然灾害的一条最基本的方式和途径。

2010 年 5 月 5 日，国家减灾委员会为了进一步指导各地开展社区综合减灾工作，制定了《全国综合减灾示范社区标准》（国减办发〔2010〕6 号）。综合减灾示范社区的基本条件有三个：一是社区居民对社区综合减灾状况满意率大于 70%；二是社区近 3 年内没有发生因灾造成的较大事故；三是具有符合社区特点的综合灾害应急救助预案并经常开展演练活动。具体的标准如图 7-4 所示。

---

① 王正平. 根植于中国传统环境伦理文化的深层土壤 [J]. 自然辩证法研究，1994（8）：47-48.
② 哈特曼. 古老阳光的末日 [M]. 马鸿文，译. 上海：上海远东出版社，2005：5.

全国综合减灾示范社区标准

- 1.组织管理机制
  - 1.1 社区减灾领导机构
  - 1.2 社区减灾执行机构
  - 1.3 社区减灾工作制度
  - 1.4 减灾资金投入
- 2.灾害风险评估
  - 2.1 灾害危险隐患清单
  - 2.2 社区灾害脆弱人群清单
  - 2.3 社区灾害脆弱住房清单
  - 2.4 社区灾害风险地图
- 3.灾害应急救助预案
  - 3.1 社区综合避难图
  - 3.2 社区灾害应急救助预案
  - 3.3 社区应急救助演练活动
  - 3.4 演练效果评估
- 4.减灾宣传教育培训
  - 4.1 组织减灾宣传教育
  - 4.2 开展防灾减灾活动
  - 4.3 印发防灾减灾材料
  - 4.4 参加防灾减灾培训
  - 4.5 与其他社区进行减灾交流
- 5.防灾减灾基础设施
  - 5.1 建立灾害避难所
  - 5.2 明确应急疏散路径
  - 5.3 设置防灾减灾宣传教育场地和设施
  - 5.4 配备应急救助物资
- 6.居民减灾意识与技能
  - 6.1 清楚社区内各类灾害风险
  - 6.2 知晓本社区的避难场所和行走路径
  - 6.3 掌握减灾自救互救基本方法
  - 6.4 参与社区防灾减灾活动
- 7.社区减灾动员与参与
  - 7.1 社区主要机构参与防灾减灾活动
  - 7.2 志愿者参与防灾减灾活动
  - 7.3 社会组织参与防灾减灾活动
- 8.管理考核
  - 8.1 有相对完善的管理制度
  - 8.2 进行经常性的检查
  - 8.3 具体改进措施
- 9.档案
  - 9.1 减灾工作档案
  - 9.2 综合减灾示范社区创建过程档案
- 10.特色
  - 10.1 明显的地方特色
  - 10.2 可供借鉴的独到做法或经验

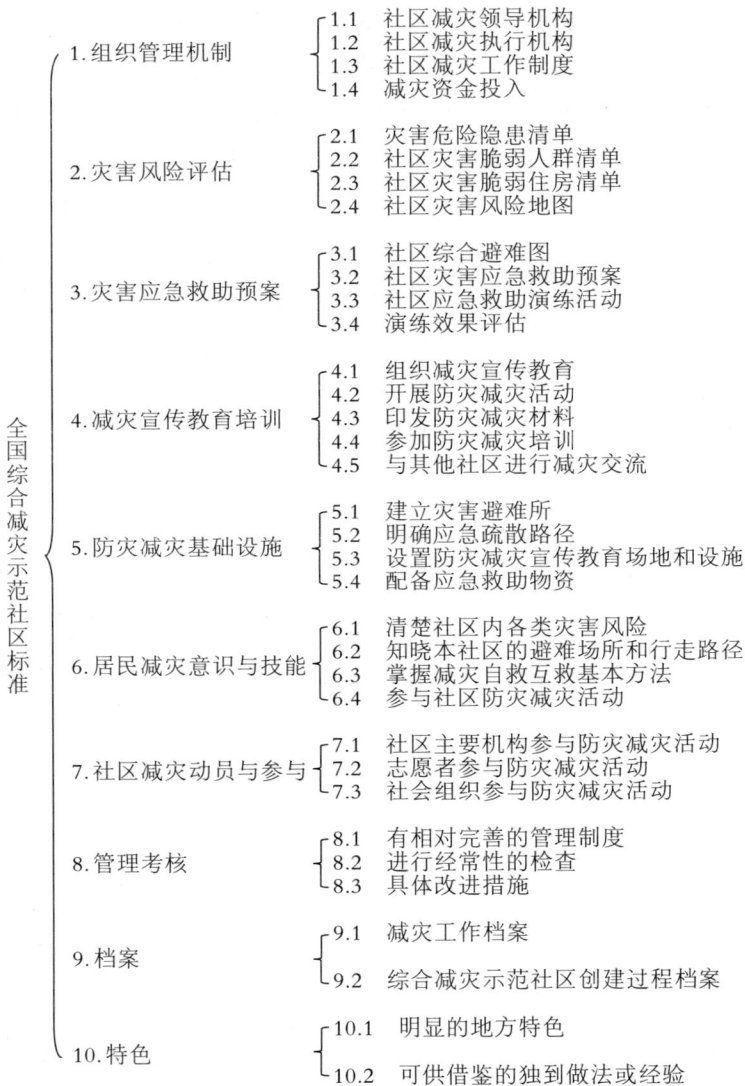

图 7-4 全国综合减灾示范社区标准（国家减灾委，2010）

这样的标准由于已经囊括了从基础设施、组织管理、风险评估，到宣传教育和减灾意识与技能等多个方面，应当说是很全面的了，但从二级指标的设置情况来看，诸如宣传教育与培训和减灾意识等方面可能仍然是难以准确衡量的，这无疑对社区建设的实际执行提出了较高要求，另外也需在实际操作过程中不断积累和总结经验，以使之逐步趋于完善。

另一方面，在自然灾害事件尤其是重大自然灾害事件发生之后，如何将志愿者和民间公益组织等社会力量有效地组织起来，同样是个迫切需要解决的重要课题。在 2008 年汶川大地震中，我国的民间救助力量发挥了积极作用，并受到了社会各界的肯定和好评，但是如何规范和引导民间救助力量参与到灾后安置和社区重建工作中去，仍然有大量的空白需要填补。国家减灾委和科技部抗震救灾专家组也指出了志愿者管理方面的问题，如志愿者信息登记过于简单，动机、水平参差不齐，缺乏长效激励机制，以及经费开支存在潜在压力等等①。事实上，这些问题的存在是正处于发展过程中的民间救助力量所不可避免的，而通过观察国内外的有关应对策略，我们也可以吸收和借鉴一些有益的做法和经验，如日本自 1995 年阪神地震之后，就针对志愿者管理采取了一系列行之有效的措施：首先是成立专门的志愿者管理部门，志愿者总部一般分成总务部门、志愿者部门和公关部门；其次是建立志愿者提前登记制度，让志愿者之间保持有效联系；再次是要求志愿者加入志愿者保险体系；最后是综合考虑各方需求编制救灾计划，并有着严格的监控制度②。

除了完善有关的管理政策、积极组织，并不断提高志愿者和民间组织的救灾能力以外，还应当考虑这部分力量在不同的阶段所充当的角色和所能发挥的作用应当是有所不同的。已经有足够多的国际经验表明，在灾害发生之后的紧急救助和恢复重建的过程中，政府机构、学术界、民间力量和企业等四个方面应该能够组成通力合作的团队，而且不同的部门在每个阶段都有其不同的角色和地位。香港中文大学公民社会研究中心和中山大学公民与社会发展研究中心，在总结台湾 921 大地震、日本阪神地震和南亚海啸等灾害救助经验后认为，如果将灾后工作分成三个阶段：紧急救援、安置和重建，那么不同部门在各个阶段的角色和地位应当大致如表 7-1 所示，民间机构和志愿者在紧急救援阶段主要是担当"支援者"的角色，而在安置和重建阶段则主要充当"协调者、参

---

① 国家减灾委员会、科学技术部抗震救灾专家组. 汶川地震社会管理政策研究 [M]. 北京：科学出版社，2008：70.
② 钱铮. 日本如何有序组织救灾志愿者 [EB/OL]. (2008-06-05). http://news.xinhuanet.com/video/2008-06/05/content_8314146.htm.

与者"的角色。

表 7-1　　　　　不同部门在灾后三个阶段的角色和地位

	政　府	学术界	企　业	民间机构和志愿者
紧急救援阶段	主导者； 执行者	支持者； 信息提供者	资源提供者； 支持者	支援者； 资源调查整合者
安置阶段	主导者； 资源提供者	监督者； 信息提供者	资源提供者； 服务提供商	协调者； 参与者
重建阶段	支持者； 法令制定者	监督者； 支援者	资源提供者； 服务提供商	协调者； 服务执行者

资料来源：香港中文大学公民社会研究中心、中山大学公民与社会发展研究中心. 关于民间公益组织参与汶川大地震救灾重建的报告及建议 [EB/OL]. （2008-06-05）. http://translate.itsc.cuhk.edu.hk/uniTS/www.cuhk.edu.hk/chinese/index.html.

主要参考文献

[1]　弗里曼.环境与资源价值评估 [M].曾贤刚,译.北京:中国人民大学出版社,2002.

[2]　萨缪尔森,诺德豪斯.经济学 [M].萧琛,主译.14版.北京:北京经济学院出版社,1996.

[3]　戴利.超越增长:可持续发展的经济学 [M].诸大建,等,译.上海:上海译文出版社,2006.

[4]　米勒蒂.人为的灾害 [M].谭徐明,等,译.武汉:湖北长江出版集团,2008.

[5]　哈丁.生活在极限之内 [M].戴星翼,张真,译.上海:上海世纪出版集团,2007.

[6]　伯比.与自然谐存 [M].欧阳琪,译.武汉:湖北人民出版社,2008.

[7]　林南.社会资本——关于社会结构与行动的理论 [M].张磊,译.上海:上海人民出版社,2005.

[8]　CARNOY.教育经济学百科全书 [M].闵维方,等,译.北京:高等教育出版社,2000.

[9]　哈特曼.古老阳光的末日 [M].马鸿文,译.上海:上海远东出版社,2005.

[10]　鲍莫尔,奥茨.环境经济理论与政策设计 [M].北京:经济科学出版社,

2003.

[11] 舒尔茨. 人力资本投资——教育和研究的作用 [M]. 蒋斌，张蘅，译. 北京：商务印书馆，1990.

[12] 科兹纳，罗斯巴德，等. 现代奥地利学派经济学的基础 [M] 王文玉，译. 杭州：浙江大学出版社，2008.

[13] 肯尼斯. 丰裕社会 [M]. 徐世评，译. 上海：上海人民出版社，1965.

[14] 马歇尔. 经济学原理 [M]. 廉运杰，译. 北京：华夏出版社，2005.

[15] 库拉. 环境经济学思想史 [M]. 谢扬举，译. 上海：上海人民出版社，2007.

[16] 迈尔斯. 公共经济学 [M]. 匡小平，译. 北京：中国人民大学出版社，2001.

[17] 罗宾斯. 经济科学的性质和意义 [M]. 朱泱，译. 北京：商务印书馆，2007.

[18] 珀曼，等. 自然资源与环境经济学 [M]. 侯元兆，等，译. 北京：中国经济出版社，2002.

[19] 布劳格. 经济理论的回顾 [M]. 姚开建，译. 北京：中国人民大学出版社，2009.

[20] 庇古. 福利经济学 [M]. 金镝，译. 北京：华夏出版社，2007.

[21] 托马斯. 人类与自然世界：1500—1800年间英国观念的变化 [M]. 宋丽丽，译. 南京：译林出版社，2009.

[22] 斯密. 国富论 [M]. 唐日松，等，译. 北京：华夏出版社，2005.

[23] 伊特韦尔，等. 新帕尔格雷夫经济学大辞典：第四卷 [M]. 北京：经济科学出版社，1996.

[24] 米塞斯. 经济学的认识论问题 [M]. 梁小民，译. 北京：经济科学出版社，2001.

[25] 北京日本学研究中心，神户大学. 日本阪神大地震研究 [M]. 宋金文，邵建国，译. 北京：北京大学出版社，2009.

[26] 邓云特. 中国救荒史 [M]. 北京：商务印书馆，1993.

[27] 杜一. 杜一经济文选 [M]. 北京：知识产权出版社，2008.

[28] 范宝俊. 中国自然灾害与灾害管理 [M]. 哈尔滨：黑龙江教育出版社，1998.

[29] 范宝俊. 中国自然灾害史与救灾史 [M]. 北京：当代中国出版社，1999.

[30] 国家减灾委办公室. 灾害科学和灾害理论 [M]. 北京：中国社会出版社，2009.

[31] 国家减灾委办公室. 灾害管理的国际比较 [M]. 北京：中国社会出版社，

2009.

[32] 国家减灾委办公室. 灾害管理实践和重大灾害案例 [M]. 北京：中国社会出版社，2009.

[33] 国家减灾委办公室. 中国自然灾害管理体制和政策 [M]. 北京：中国社会出版社，2009.

[34] 国家减灾委员会、科技部抗震救灾专家组. 汶川地震社会管理政策研究 [M]. 北京：科学出版社，2008.

[35] 国家减灾委、科学技术部抗震救灾专家组. 汶川地震灾害综合分析与评估 [M]. 北京：科学出版社，2008.

[36] 高庆华，马宗晋，张成业，等. 自然灾害评估 [M]. 北京：气象出版社，2007.

[37] 高庆华，等. 中国自然灾害与全球变化 [M]. 北京：气象出版社，2007.

[38] 高铁梅. 计量经济分析方法与建模 [M]. 北京：清华大学出版社，2006.

[39] 胡鞍钢，等. 中国自然灾害与经济发展 [M]. 武汉：湖北科学技术出版社，1997.

[40] 黄崇福. 自然灾害风险评价理论与实践 [M]. 北京：科学出版社，2006.

[41] 李建民. 人力资本通论 [M]. 上海：上海三联书店，1999.

[42] 李文海，夏明方. 中国荒政全书第2辑：第一卷 [M]. 北京：北京古籍出版社，2003.

[43] 联合国，等. 环境经济综合核算2003 [M]. 丁言强，王艳，等，译. 北京：中国经济出版社，2005.

[44] 梁鸿光. 减灾必读 [M]. 北京：地震出版社，1990.

[45] 刘运起，等. 投入产出分析 [M]. 北京：中国人民大学出版社，2006.

[46] 刘向华. 生态系统服务功能价值评估方法研究 [M]. 北京：中国农业出版社，2009.

[47] 世界银行环境局. 扩展财富衡量的手段 [M]. 张坤民，等，译. 北京：中国环境科学出版社，1998.

[48] 社科院环发研究中心. 中国环境与发展评论：第三卷 [M]. 北京：社会科学文献出版社，2007.

[49] 社科院环发研究中心. 中国环境与发展评论：第一卷 [M]. 北京：社会科学文献出版社，2007.

[50] 石敏俊，马国霞，等. 中国经济增长的资源环境代价 [M]. 北京：科学出版社，2009.

[51] 孙绍骋. 中国救灾制度研究 [M]. 北京：商务印书馆，2005.

[52] 王昂生. 中国减灾与可持续发展 [M]. 北京：科学出版社，2007.

[53] 王金南，等．绿色国民经济核算［M］．北京：中国环境科学出版社，2009．

[54] 王金南，等．中国环境经济核算研究报告 2004［M］．北京：中国环境科学出版社，2009．

[55] 魏一鸣，等．洪水灾害风险管理理论［M］．北京：科学出版社，2002．

[56] 於方，等．中国环境经济核算技术指南［M］．北京：中国环境科学出版社，2009．

[57] 张继权，李宁．主要气象灾害风险评价与管理的数量化方法及其应用［M］．北京：北京师范大学出版社，2007．

[58] 周国梅，周军．绿色国民经济核算国际经验［M］．北京：中国环境科学出版社，2009．

[59] 祝燕德，等．重大气象灾害风险防范——2008 年湖南冰灾启示［M］．北京：中国财政经济出版社，2009．

[60] 自然灾害综合研究组．中国自然灾害区划研究的进展［M］．北京：海洋出版社，1998．

[61] 自然灾害综合研究组．中国自然灾害综合研究的进展［M］．北京：气象出版社，2009．

[62] 陈涛．美国应急指挥体系简介［J］．消防与生活，2009（11）：44-46．

[63] 戴胜利，邓明然．我国与发达国家灾害管理系统比较研究［J］．学术界，2010（2）：213-219．

[64] 冯英，赵耀．社区组织在减灾社区建设中的作用［J］．中国减灾，2007（7）：26-27．

[65] 谷文峰，郭文佳．清代荒政弊端初探［J］．黄海学刊：社会科学版，1992（4）：58-64．

[66] 赫治清．我国古代的荒政（上）［J］．中国减灾，2009（2）：52-53．

[67] 赫治清．我国古代的荒政（下）［J］．中国减灾，2009（3）：52-53．

[68] 胡鞍钢．自然灾害对中国经济增长的影响分析［J］．中国减灾，1991（3）：23-27．

[69] 金磊．灾区可持续重建问题概要——兼论灾后重建的科学管理学问题［J］．科学新闻，2008（14）：30-32．

[70] 金磊．我国可持续发展应关注灾害经济评价［J］．城市与减灾，2005（5）：16-18．

[71] 李保俊，等．中国自然灾害应急管理研究进展与对策［J］．自然灾害学报，2004（6）：18-23．

[72] 李宏．经济与社会协调发展视野中的人力投资与社会保障［J］．北京工业大学学报：社科版，2007（4）：27-31．

[73] 李宏. 绿色 GDP 核算：不怕"难算"，怕"难看"[N]. 经济学消息报，2010-04-09.

[74] 李宏. 我国的自然灾害及其经济成本研究 [J]. 价格月刊，2010（4）：66-72.

[75] 李宏，张向达. 试论环境管理中经济手段的固有局限性 [J]. 财经问题研究，2009（2）：15-19.

[76] 李宏，张向达. 国外矿产资源经济研究进展与启示 [J]. 东北财经大学学报，2009（5）：81-84.

[77] 李宏，张向达. 自然灾害与国民财富损失研究 [J]. 地方财政研究，2009（10）：24-28.

[78] 李立国. 我国灾害管理体制逐步健全 [J]. 中国减灾，2006（1）：8-9.

[79] 李平. 美国灾害管理的实践与思考 [J]. 中国减灾，2006（5）：40-41.

[80] 李全茂. 与时俱进的救灾工作方针 [J]. 中国民政，2008（2）：38-39.

[81] 李向军. 试论中国古代荒政的产生与发展历程 [J]. 中国社会经济史研究，1994（2）：7-13.

[82] 李学举. 中国的自然灾害与灾害管理 [J]. 中国行政管理，2004（8）：23-26.

[83] 李振炎，余琼. 加强基层灾害信息管理工作的思考 [J]. 中国减灾，2009（8）：28-29.

[84] 刘希林. 地貌灾害间接经济损失评估 [J]. 地理科学进展，2008（5）：6-10.

[85] 卢振恒. 提倡"灾害文化"理念 [J]. 防灾博览，2002（5）：15-16.

[86] 曲彦斌. 自然灾害研究的人文社会科学探索视点 [J]. 文化学刊，2008（4）：5-13.

[87] 任德胜. 关于深化灾害管理体制改革的探讨 [J]. 中国减灾，2004（2）：35-36.

[88] 邵永忠. 二十世纪以来荒政史研究综述 [J]. 中国史研究动态，2004（3）：2-10.

[89] 司徒苏蓉. 发达国家应急文化建设及启示 [J]. 江苏社会科学，2007（2）：231-233.

[90] 田新程. 我国政策性森林保险迎来发展曙光 [J]. 中国林业，2009（6）：4-5.

[91] 王宝华，等. 国内外洪水灾害经济损失评估方法综述 [J]. 灾害学，2007（9）：95-99.

[92] 王德劲. 人力资本纳入国民经济核算研究综述 [J]. 统计与信息论坛，2008（8）：86-71.

[93] 王海滋. 基于稳态泊松模型的自然灾害直接经济损失评估 [J]. 工程抗震, 2000 (4): 30-33.

[94] 王宏伟. 美国的应急协调: 联邦体制、碎片化与整合 [J]. 国家行政学院学报, 2010 (3): 124-128.

[95] 王宏伟, 杨傲. 我国应急救援队伍建设的问题与对策 [J]. 中国减灾, 2007 (12): 17-18.

[96] 文化部财务司. 关于巨灾之后文化体系重构的思考 [J]. 四川行政学院学报, 2010 (3): 23-26.

[97] 温玉婷, 等. 汶川地震与唐山地震损失与救助之对比 [J]. 灾害学, 2010 (6): 68-73.

[98] 伍国春, 田中重好. 日本"灾害文化"建设初探 [J]. 中国减灾, 2006 (4): 26-27.

[99] 夏明方. 中国灾害史研究的非人文化倾向 [J]. 史学月刊, 2004 (3): 16-18.

[100] 谢家智. 我国自然灾害损失补偿机制研究 [J]. 自然灾害学报, 2004 (8): 28-32.

[101] 谢礼立. 2008年汶川特大地震的教训 [J]. 中国工程科学, 2009 (6): 28-36.

[102] 许飞琼. 灾害损失评估及其系统结构 [J]. 灾害学, 1998 (9): 80-83.

[103] 许飞琼. 中国的灾害损失与保险业的发展 [J]. 江西财经大学学报, 2008 (5): 35-42.

[104] 杨灿. 可持续发展框架内的储蓄与财富核算问题 [J]. 统计研究, 2001 (3): 33-39.

[105] 姚惠明, 沈国昌. 洪涝灾害非经济损失分析 [J]. 水利经济, 2008 (9): 4-8.

[106] 游志斌. 美国政府构建"减灾型社区"的经验 [J]. 中国减灾, 2005 (7): 46-47.

[107] 于庆东. 灾害造成人员伤亡价值损失的评估 [J]. 防灾减灾工程学报, 2004 (6): 214-218.

[108] 袁艺, 张磊. 中国自然灾害灾情统计现状及展望 [J]. 灾害学, 2006 (12): 89-93.

[109] 张介明. 我国古代对冲自然灾害风险的"荒政"探析 [J]. 学术研究, 2009 (7): 122-128.

[110] 张磊. 灾害应急管理的法治基础 [J]. 中国减灾, 2007 (12): 15-16.

[111] 张业成, 等. 20世纪中国自然灾害对社会经济影响的时代变化与阶段差异

[J]. 灾害学，2008（6）：55-59.

[112] 张颖. 中国森林生物多样性价值核算研究［J］. 林业经济，2001（3）：28-44.

[113] 张向达，李宏. 加强灾害自然资产损失问题的研究［N］. 光明日报，2009-06-27.

[114] 张向达，李宏. 资源与环境经济研究的伦理思考［J］. 伦理学研究，2010（1）：69-72.

[115] 张向达，李宏. 灾害损失范围研究［J］. 中国国情国力，2010（9）：22-25.

[116] 王建勋，李宏，闫天池. 国外灾害经济研究的主要进展与启示［J］. 西北农林科技大学学报：社会科学版，2011（4）：111-119.

[117] 张显东，梅广清. 西方灾害经济学研究的历史回顾［J］. 灾害学，1998（12）：81-87.

[118] 周国强，董保华. 我国综合减灾组织管理体系和运行机制探讨［J］. 防灾科技学院学报，2009（6）：86-89.

[119] 周荣. 中国传统荒政程序：理论与实践［J］. 江汉论坛，2007（6）：95-100.

[120] 朱勋克. 论综合减灾基本法的立法要义［J］. 法学杂志，2002（3）：71-73.

[121] 宗鸣安. 一场饿死二百万人的大灾荒［J］. 中国减灾，2009（1）：51-52.

[122] ALBALA-BERTRAND. Natural disaster situations and growth：a macroeconomic model for sudden disaster mpacts ［J］. World Development，1993，21（9）：1417-1434.

[123] ALBALA-BERTRAND. Complex emergencies versus natural disasters：an analytical comparison of causes and effects ［J］. Oxford Development Studies，2000，28（2）：188-203.

[124] ATKISSON，ARTHUR A，PETAK. Natural hazard exposures，losses and mitigatior，costs in the United States，1970—2000 ［J］. International Library of Critical Writings in Economics，2004，178（1）：159-16E.

[125] BENSON，CHARLOTTE. The Economy- wide Impact of natural disasters in developing countries，2003 ［C］. Draft doctoral thesis. University of London，2003.

[126] BOCKSTAEL，MCCONNELL. Public goods as characteristics of non-market commodities ［J］. Economic Journal，1993，103：1 244.

[127] BOLON R. Family recovery from natural disasters: a preliminary model [J]. Mass Emergencies, 1976, 1: 267-277.

[128] BRANNEN R. Economic aspects of the waco, Texas disaster of ay 11, 1953 [C]. Research Report No. 2, University of Texas, 1954.

[129] CHANG S. Disasters and fiscal policy: hurricane impact on municipal revenue [J]. Urban Affairs Quarterly, 1983, 18 (4): 511-523.

[130] COCHRANE H. Economics loss: myth and measurement [J]. Disaster Prevention and Management, 2004, 13: 290-296.

[131] DENNIS S M, LORI P G. Hazards and sustainable development in the United States [J]. Risk Management, 2001, 3 (1): 61-70.

[132] DONAHUE A K, JOYCE P G. A framework for analyzing emergency management with an application to federal budgeting [J]. Public Administration Review, 2001, 61 (6): 728-740.

[133] DONALD D, DAVID W. Bombs and break points: The geography of economic activity [J]. American Economic Review, 2002, 92 (5): 1 269-1 289.

[134] ELLSON, et al. Measuring the regional economic effects of earthquakes and earthquake predictions [J]. Journal of Regional Science, 1984, 24 (4): 559-579.

[135] EMMANUEL S. Economic Crises and Natural Disasters: Coping Strategies and Policy Implications [J]. World Development, 2003, 31 (7): 1087-1102.

[136] EYRE A. Disaster Management in South-East Asia: Emergency response and planning in the coming millennium [J]. Risk Management, 1999, 1 (2): 67-70.

[137] FRIESEMA H, et al. Aftermath: communities after natural disasters [M]. Beverly Hills: Sage Publications, 1979.

[138] HENSTRA D, MCBEAN G. Canadian disaster management policy: moving toward a paradigm shift? [J]. Canadian Public Policy, 2005, 31 (3): 303-318.

[139] HICKS J R. Value and capital [M]. 2nd ed. Oxford: Clarendon Press, 1946.

[140] HODGES A. Emergency risk management [J]. Risk Management, 2000, 2 (4): 7-18.

[141] HORWICH G. Disasters and market response [J]. Cato Journal, 1990, 9 (3): 531-552.

[142] HORWICH G. Economic lessons of the Kobe earthquake [J]. Economic Development and Cultural Change, 2000, 48 (3): 521-542.

[143] JAHARUDIN P. Natural disaster death and socio-economic factors in selected Asian countries: a panel analysis [J]. Asian Social Science, 2009, 5 (4): 65-71.

[144] KAHN M E. The death toll from natural disasters: the role of income, geography and institutions [J]. The Review of Economics and Statistics, 2005, 87 (2): 271-234.

[145] KRUTILLA J V. Conservation reconsidered [J]. American Economic Review, 1967, 54 (4): 777-786.

[146] KUNREUTHER H. Disaster insurance: A tool for hazard mitigation [J]. The Journal of Risk and nsurance, 1974, 41 (2): 287-303.

[147] MILETI D, DRABEK T, HAAS J E. Human systems in extreme environments [M]. Boulder: Institute of Behavioral Science, University of Colorado, 1975.

[148] MACDONALD D, MURDOCH J, WHITE H. Hazards and insurance in housing [J]. Land Economics, 1987, 63: 361-371.

[149] MCENTIRE D A, et al. A comparison of disaster paradigms: the search for a holistic policy guide [J]. Public Administration Review, 2002, 62 (3): 267-281.

[150] OKUYAMA Y. Modeling spatial economic impacts of an earthquake: Input-output approaches [J]. Disaster Prevention and Management, 2004, 13 (4): 297-306.

[151] ORGANSKI A F K, JACEK K. The costs of major wars: the phoenix factor [J]. American Political Science Review, 1977, 71 (4): 1347-1366.

[152] PAUL M R. Increasing returns and long-run growth [J]. The Journal of Political Economy, 1986, 94 (5): 1002-1037.

[153] RADDATZ C. Are external shocks responsible for the instability of output in low-income countries? [J]. Journal of Development Economics, 2007, 84: 155-187.

[154] RASCHKY P A. Institutions & the losses from natural disasters [J]. Natural Hazards & Earth System Sciences, 2008, 8: 627-634.

[155] RETTGER M J, BOISVERT R N. Flood insurance or disaster loans: an economic evaluation [J]. American Journal of Agricultural Economics, 1979, 61 (3): 496-505.

[156] ROBERT E L. On the mechanics of economic development [J]. Journal of Monetary Economics, 1988, 22: 3-42.

[157] ROCKETT J P. The US view of hazards and sustainable development: a few thoughts from europe [J]. Risk Management, 2001, 3 (1): 71-74.

[158] RUSSELL C S. Losses from natural hazards [J]. Land Economics, 1970, 46 (4): 383-393.

[159] SKIDMORE M, TOYA H. Risk, natural disasters, and household saving in a life cycle model [J]. Japan and the World Economy, 2001, 13: 15-34.

[160] SLOVIC P, LICHTENSTEIN S, FISCHHOFF B. Modeling the societal impact of fatal accidents [J]. Management Science, 1984, 30 (4): 464-474.

[161] SORKIN A L. Economic Aspects of Natural Hazards [M]. Lexington: Lexington Books, 1983.

[162] WEST C T, LENZE D G. Modeling the regional impact of natural disaster and recovery: a general framework and an application to hurricane andrew [J]. International Regional Science Review, 1994, 17 (2): 121-150.

[163] WETTENHALL R. Crises and natural disasters: a review of two schools of Study drawing on australian wildfire experience [J]. Public Organization Review, 2009, 9: 247-261.

索 引